Goethes Faust: Ökonom – Landesplaner – Unternehmer

HEIDELBERGER BEITRÄGE ZUR DEUTSCHEN LITERATUR

Herausgegeben von Dieter Borchmeyer

BAND 21

Klaus Weißinger

Goethes Faust: Ökonom – Landesplaner – Unternehmer

PETER LANG
EDITION

Bibliografische Information der Deutschen Nationalbibliothek
Die Deutsche Nationalbibliothek verzeichnet diese Publikation
in der Deutschen Nationalbibliografie; detaillierte bibliografische
Daten sind im Internet über http://dnb.d-nb.de abrufbar.

Umschlagabbildung:
Strand, Dünen, Meer bei Westenschouwen.
Jan den Ouden, Rotterdam/Nederland.
https://pixabay.com/de/strand-d%C3%BCnen-meer-714488/"

Gedruckt auf alterungsbeständigem,
säurefreiem Papier.

ISSN 0934-490X
ISBN 978-3-631-67486-4 (Print)
E-ISBN 978-3-653-06747-7 (E-PDF)
E-ISBN 978-3-631-70136-2 (EPUB)
E-ISBN 978-3-631-70137-9 (MOBI)
DOI 10.3726/978-3-653-06747-7

© Peter Lang GmbH
Internationaler Verlag der Wissenschaften
Frankfurt am Main 2016
Alle Rechte vorbehalten.
Peter Lang Edition ist ein Imprint der Peter Lang GmbH.

Peter Lang – Frankfurt am Main · Bern · Bruxelles ·
New York · Oxford · Warszawa · Wien

Diese Publikation wurde begutachtet.

www.peterlang.com

Inhalt

Abstract

Viele Literaturwissenschaftler meinen, Faust sei ein Egomane und Illusionist, der am Ende seines Lebens mit seinem Neulandprojekt scheitern werde. In dieser Studie wird ganz im Gegenteil anhand einer *geographischen Deutung* gezeigt, wie sich Faust vom Gelehrten zum erfolgreichen Unternehmer entwickeln konnte. Durch fachmännische Landesplanung wurde er zum Schöpfer einer blühenden Kulturlandschaft.

Many philologists consider Faust to be an egomaniac and illusionist who, at the end of his life, fails with his new land project. This study shows quite to the contrary and by means of a geographical interpretation how Faust evolves from the initial man of letters into the successful entrepreneur. Through expert regional planning he becomes the originator of a thriving cultural landscape.

Einleitung

Goethes „Faust" ist dasjenige Werk der deutschen Literatur, mit dem sich Germanisten am meisten beschäftigt haben. Was aber kommt dabei heraus, wenn ein Literaturwissenschaftler an seiner Dissertation[1] sitzt, gerade über dem fünften Akt von „Faust II" brütet und plötzlich auf die Idee kommt, sein zweites studiertes Fach, die Geographie, auf den „Faust" anzuwenden?

Der Geograph im Germanisten versetzt sich imaginativ in die von Goethe erdichtete Landschaft hinein und unternimmt eine Entdeckungsreise durch das von Faust geplante und gestaltete Neuland an der Meeresküste. Diese Landschaft erschließt sich dem geographisch-germanistischen Schauen, indem der Forscher detektivisch jedes noch so kleine Detail untersucht, das sich im Text finden lässt. Diese Details fügen sich zu einem Gesamtbild, das eine ganz neue Sicht auf den fünften Akt ermöglicht.

Die meisten Faustinterpreten der vergangenen Jahrzehnte waren zu der Ansicht gelangt, dass Faust letztlich als gescheiterter Egomane und Illusionist endet. Die hier vorgelegte Studie kann im Gegensatz dazu nachweisen, dass Fausts Neulandprojekt tatsächlich jedoch eine großartige unternehmerische Leistung darstellt und Faust am Ende zwar kein strahlender Held ist, wohl aber ein Mensch, dessen lebenslanges Streben von Erfolg gekrönt wurde.

Wesentliche Aspekte dieser Neuinterpretation des fünften Akts von „Faust II" wurden vom Verfasser erstmalig in besagter Dissertation veröffentlicht. Dabei lag der Fokus auf der Untersuchung des Doppelmotivkomplexes „Besitz und Genuss". Der berufliche Werdegang Fausts zum erfolgreichen Landesplaner und Unternehmer ist darin verstreut an verschiedenen Stellen untersucht worden. Weitreichende Passagen der vorliegenden Studie sind dieser Dissertation entnommen, wobei der Inhalt hier jedoch themenzentriert zusammengefasst, neu strukturiert, überarbeitet und ergänzt worden ist, sodass eine eigenständige Publikation zu diesem Thema vorgelegt werden kann.

Die Studie ist so aufgebaut, dass zunächst gezeigt werden soll, wie sich Faust vom Gelehrten zum Ökonomen, zum Herrscher und schließlich zum

---

[1] Weißinger, Klaus: Besitz und Genuss in Goethes Faust. Heidelberg. 2016. Online-Veröffentlichung: http://www.ub.uni-heidelberg.de/archiv/19866 Druckfassung: http://www.epubli.de

kompetenten und erfolgreichen Landesplaner und Unternehmer hat entwickeln können. Daran anschließend soll anhand einer akribischen „geographischen Deutung" untersucht werden, wie Faust fachmännisch Neuland gewinnen und gestalten konnte. Schließlich soll eine in der bisherigen Faust-Forschung völlig neue Sichtweise in Bezug auf Fausts Schlussmonolog vorgestellt werden.

Goethes finanz-ökonomische Tätigkeiten

Wenn der Dichter des „Faust" seinen Protagonisten eine wirtschaftliche Karriere verfolgen lässt, dann muss er sich mit der Materie bestens auskennen. Im Folgenden soll ein Einblick in Goethes wirtschaftliche und finanzwirtschaftliche Interessen und Tätigkeiten gegeben werden, sodass die Betrachtungen zu Fausts Werdegang und Zielen anhand des biografischen Hintergrunds des Dichters verständlich werden.

Goethe war ein Mensch, der sein Arbeitsleben gemäß der von Faust und Mephisto geäußerten Auffassung gestaltete, dass „regieren und zugleich genießen" (V. 10251) nicht „zusammengeht" (V. 10249). In der Praxis bedeutete das für ihn, dass er die ihm gestellten Aufgaben mit vollem Ernst und aller Kraft in Angriff nahm. Er war von seiner Ausbildung her Jurist, aber u. a. tätig als Dichter, Naturwissenschaftler, Theaterdirektor, Staatsminister – und eben auch als Ökonom. Wie aber konnte er als Nicht-Fachmann die ihm auferlegten finanz-ökonomischen Tätigkeiten bewältigen?

Schon als junger Student reiste Goethe 1770 nach Saarbrücken, wo er das dortige Industriegebiet besuchte. In *Dichtung und Wahrheit* berichtet er: „Hier wurde ich nun eigentlich in das Interesse der Berggegenden eingeweiht, und die Lust zu ökonomischen und technischen Betrachtungen, welche mich einen großen Teil meines Lebens beschäftigt haben, zuerst erregt."[2] Willy Michel führt dazu aus, dass Goethe „im Hause des Präsidenten von Günderode vorinformiert"[3] wurde und Zugang erhielt „zu allen Anlagen, zu Eisen- und Alaunwerken, zu den Duttweiler Steinkohlengruben und zu mehreren weiterverarbeitenden Betrieben."[4] Goethe lernte schon als 23-Jähriger während seiner „Rezensententätigkeit an den Frankfurter gelehrten Anzeigen

---

2 Goethe, Johann W.: Aus meinem Leben – Dichtung und Wahrheit. Münchner Ausgabe. Bd. 16. München. Wien. 1985. S. 451
3 Michel, Willy: Die Wahrnehmung der Frühindustrialisierung und die Einschätzung von Intelligenztypen bei Goethe, Forster und Novalis. In: Stemmler, Theo (Hrsg.): Ökonomie – Sprachliche und literarische Aspekte eines 2000 Jahre alten Begriffs. Mannheimer Beiträge zur Sprach- und Literaturwissenschaft. Bd. 6. Tübingen. 1985. S. 109
4 Ebd.

vom Jahre 1772"[5] moderne Wirtschaftstheorien[6] kennen und las „begeistert in den noch druckfrischen kleinen Aufsätzen, staatsbürgerlichen Inhalts (5/IX,596) (…): in Justus Mösers Patriotischen Phantasien."[7] Justus Möser (1720–94) war ein „deutscher Publizist (…). Als Schriftsteller [nahm er] im Fach der Publizistik und Geschichtsschreibung eine hervorragende Stellung ein."[8] In diesen Schriften geht es u. a. um „gewichtige ökonomische Probleme des 18. Jahrhunderts (…): von der Frage des Schweinehütens über die Darstellung des kapitalistischen Konkurrenzkampfes bis zu der der Zukunft weit vorauseilenden Forderung, den Arbeiter am Gewinn der kapitalistischen Produktion zu beteiligen."[9]

Im Dezember 1774 lernte der 25-jährige Goethe die Herzogin Anna Amalia von Sachsen-Weimar-Eisenach und den jungen Erbprinzen Karl August kennen und man „debattierte (…) im Hause Goethes über staatswirtschaftliche Gegenstände: den Handel, das Gewerbe, den Grundbesitz, die Kapitalzinsen und nicht zuletzt über eine einsichtige wohlwollende Regierung."[10] Karl August und die Herzogmutter Anna Amalia waren von Goethe als Mensch und seinen vielseitigen Fähigkeiten so beeindruckt, dass sie ihn im Herbst des folgenden Jahres nach Weimar einluden, wo Goethe zunächst die Erziehung des 18-Jährigen übernahm, der im September 1775 volljährig geworden und seiner Mutter „in der Regierung gefolgt"[11] war. Diese Erziehung folgte wirtschaftlichen, sozialen und kulturellen Leitlinien, welche Goethe mit der

---

5 Mahl, Bernd: Goethes ökonomisches Wissen: Grundlagen zum Verständnis der ökonomischen Passagen im dichterischen Gesamtwerk und in den „Amtlichen Schriften". Frankfurt am Main. Bern. 1982. S. 118. – Dieses Buch ist eine umfassende Abhandlung über den Wirtschaftspraktiker und Wirtschaftstheoretiker Goethe.

6 Theorien von den „französischen und südwestdeutschen Physiokraten um Quesnay, Turgot, Carl Friedrich von Baden und Schlettwein, deren ökonomische Schriften den Merkantilismus verdammten" (Mahl: Goethes ökonomisches Wissen. S. 118).

7 Ebd.

8 Meyers: Großes Konversationslexikon. Ein Nachschlagewerk des allgemeinen Wissens. Leipzig und Wien. 1905–1909. Sechste, gänzlich neubearbeitete und vermehrte Auflage. Bd. 6. Sp. 174

9 Mahl: Goethes ökonomisches Wissen. S. 17

10 Ebd.

11 Boerner, Peter: Johann Wolfgang von Goethe. Hamburg. 1992. 26. Auflage. S. 54

Herzoginmutter teilte und die ihn wesentlich dazu bewogen hatten, nach Weimar zu gehen. Goethe war nach Katharina Mommsen der Auffassung, „als Ratgeber im Sinne der Aufklärungsbewegung zum Glück der Menschen beitragen zu können"[12], indem er „zur Erfüllung zu bringen [beabsichtigte], was die Herzogin-Mutter Anna Amalia bereits schon begonnen hatte, als sie der armen thüringischen Bevölkerung zu einem besseren Lebensstandard verhalf und zugleich Bildung, Kultur, Geist förderte, dessen sichtbarstes Zeichen der damals schon berühmte »Musenhof« war."[13] Goethe blieb mit großen Hoffnungen in der „stillen Landstadt von kaum mehr als sechstausend Einwohnern."[14]

„Im Juni 1776 trat [er] (…) als Geheimer Legationsrat formell in den Weimarischen Staatsdienst ein."[15] Seine „Stellung im Geheimen Conseil (…) brachte ihn bald in Berührung mit fast sämtlichen Vorkommnissen der Staatsverwaltung. Der Bogen der von ihm übernommenen Pflichten spannte sich von Einzelaufgaben wie der Ausarbeitung von Feuerverhütungsvorschriften bis zu hochpolitischen Relationen zwischen den europäischen Höfen während des Bayerischen Erbfolgekrieges. Daneben wurde er noch für einzelne Regierungsressorts allein zuständig. Bereits 1776 übertrug ihm der Herzog die Vorarbeiten zur Wiederbelebung des stillliegenden Silber- und Kupferbergwerks bei Ilmenau im Thüringer Wald. 1779 wurde er Kriegskommissar und damit verantwortlich für die etwa fünfhundert, meistens zu Bewachungs- und Botendiensten eingeteilten Soldaten des Landes. Im gleichen Jahr übernahm er die herzogliche Wegebauverwaltung sowie die für Überschwemmungen und Kanalisationsangelegenheiten zuständige Wasserbaukommission. 1782 erhielt er dann noch die Leitung der Kammer, der obersten Finanzbehörde, und vereinigte damit alle wichtigen Positionen in seiner Hand."[16]

Man sieht, wie vielfältig sich Goethes Aufgabenbereiche gestalteten, wie sehr der Herzog Goethes Fähigkeiten erkannte und sie sich und dem Staat zunutze machte, denn Goethe erfüllte seine Aufgaben zur vollsten Zufriedenheit.

---

12 Mommsen, Katharina: ›Faust II‹ als politisches Vermächtnis des Staatsmannes Goethe. In: Perels, Christoph (Hrsg.): Jahrbuch des freien deutschen Hochstifts. Tübingen. 1989. S. 6
13 Ebd.
14 Ebd. S. 53
15 Ebd. S. 56
16 Ebd. S. 57

„Die Jahre 1776–1786 zeigen (…) den (…) staatswirtschaftlichen Praktiker Goethe (…), der [u. a.] Karl Augusts Staatsbudget harmonisierte und hierüber nicht die Nöte der kleinen Bauern vergaß, welche oft aus konjunkturellen oder gar nur gesundheitlichen Gründen ihre drückende Steuerlast nicht abtragen konnten."[17] Viele von Goethes Aufgaben waren wirtschaftlicher Natur, und nachdem er sie erfolgreich erledigt hatte, bekam er sogar noch 1782 die Leitung der obersten Finanzbehörde übertragen. „Seine Tagebücher der Zeit enthüllen, wie ernst er diese Aufgaben nahm und wie er sie trotz vielfacher innerer und äußerer Widerstände zu bewältigen versuchte."[18] Allerdings gesellte sich nach Mommsen Goethes idealistischem Bestreben, „aus dem Kleinstaat in den Grenzen des Möglichen ein Musterland zu machen"[19], schon bald realistische Ernüchterung hinzu. „Der junge Fürst [war] in der Praxis nicht bereit (…), die notwendigen Sparmaßnahmen durchzuführen"[20], sondern amüsierte sich lieber mit aufwendigen höfischen Festen und Maskenzügen. Außerdem war er „besessen von dem Verlangen nach (…) kriegerischer Aktion"[21] und stürzte sich in mehrere militärische Abenteuer. So setzte er zum Beispiel Weimar aufs Spiel, indem er sich 1805 an Preußens Krieg gegen Napoleon beteiligte, der mit der Schlacht bei Jena verloren ging. Ein wirtschaftlich erfolgreiches Handeln war so kaum möglich, und Goethe legte laut Mommsen die Regierungsgeschäfte nieder, „als er einsah, dass er die ewigen Schulden und Defizite im Staatshaushalt nicht verhindern konnte."[22] Wie Mommsen nachweist, hat Goethe im „Faust" an vielen Stellen Anspielungen auf Regierungsmissstände Karl Augusts einfließen lassen, indem er die Figur des Kaisers in vielerlei Hinsicht nach dessen Vorbild zeichnete.[23] „Im ›Faust II‹ hat Goethe auch ein Lehrstück gegen politische Pfuscherei geschaffen"[24], aber eben auch gegen soziale, kulturelle und wirtschaftliche. „Ich hasse alle Pfuscherei wie die Sünde, besonders aber die Pfuscherei in Staatsangelegenheiten, woraus

17 Mahl: Goethes ökonomisches Wissen. S. 119
18 Boerner: Goethe. S. 57
19 Mommsen: ›Faust II‹ als politisches Vermächtnis. S. 7
20 Ebd.
21 Ebd. S. 9
22 Ebd. S. 7
23 Vgl. Kapitel „Die ökonomische Kontrastfigur" S. 43ff.
24 Ebd. S. 35

für Tausende und Millionen nichts als Unheil hervorgeht."[25] Dies äußerte Goethe laut Johann Peter Eckermann Anfang März 1832 wenige Tage vor seinem Tod. Im „Faust" ist neben dem Aufzeigen vielfältigster Pfuscherei auf allen Ebenen jedoch das stetige Streben nach dem Besseren die Leitlinie menschlichen Lebens.

Goethe war nicht nur mit den ihm anvertrauten finanz-ökonomischen Tätigkeiten erfolgreich, sondern auch mit seinen eigenen Finanzen: „Er gebot (...) über das seltene Glück, von der Kinderzeit an bis ins hohe Alter immer ›in großen Verhältnissen‹ leben zu können, was beides meint: im Umfeld eines bedeutenden Fürsten agieren zu können und über eine beruhigende finanzielle Sicherheit verfügen zu können."[26]

Auch nach dem weitgehenden Rückzug aus seinen ministerialen Ämtern 1786 beschäftigte sich Goethe bis ins hohe Alter mit wirtschaftstheoretischen Themen. Dies verdeutlicht der Bestand diesbezüglicher Literatur seiner Hausbibliothek: „Am Ende seines Lebens finden sich in seiner Bibliothek 46 Bücher aus dem Bereich der Nationalökonomie, 59 aus dem Bereich der Staatskunde und Politik, 38 zur Land- und Forstwirtschaft."[27] Aber auch aus den örtlichen Bibliotheken lieh er sich viele Fachbücher, wie es Mahl in seinem Buch „Goethes ökonomisches Wissen" nachweist. Dass Goethe sich während der Arbeiten an „Faust II" auch für so konkrete Wirtschaftsprojekte wie Kanal- und Hafenbau sowie Deichbau an der Nordsee interessierte, was für das Thema dieser Studie von besonderer Bedeutung ist, wird im Kapitel „Die geographische Deutung des fünften Akts" S. 63ff. näher ausgeführt.

Der hier dargestellte Abriss über Goethes im Grunde lebenslang gesammelte Erfahrungen aus seinen praktischen Tätigkeiten sowie über sein erworbenes umfassendes ökonomisches Wissen zeigt, wie sehr sich der Dichter des „Faust" für die Materie interessierte und wie wichtig ihm daher die Entwicklung seiner literarischen Hauptfigur zum Wirtschaftsexperten und Unternehmer gewesen sein mochte.

---

25 Eckermann, Johann P.: Gespräche mit Goethe. Leipzig. 1987. 3. Auflage. S. 476
26 Klauß, Jochen: Genie und Geld – Goethes Finanzen. Düsseldorf. 2009. S. 207
27 Hüttl, Adolf: Goethes wirtschafts- und finanzpolitische Tätigkeit. Hamburg. 1995. S. 56

Fausts unternehmerischer Werdegang im Überblick

Faust erlebt im Verlauf des Dramas Vielfältiges, und ganz nach Goethes Bildungsideal strebt er nach einer ganzheitlichen Entwicklung seiner selbst. In „Faust I" ist diese Entwicklung im Wesentlichen zum einen die bewusste Auseinandersetzung mit dem Bösen und zum anderen die oft recht triebgesteuerte Verwirklichung der Beziehung zu einer Frau. In „Faust II" kommt Neues hinzu. Ein wesentlicher Gesichtspunkt stellt für ihn das Ziel dar, im großen gesellschaftlichen Umkreis zu wirken. Mephisto ermöglicht ihm mehrere Tätigkeitsfelder. Zunächst kann er als Ökonom am kaiserlichen Hof kurzzeitig die Geschicke lenken und Erfahrungen sammeln. Danach erlernt er an Helenas Seite das Handwerkszeug eines Herrschers. Schließlich erwirbt er Besitz an Grund und Boden und kann als Herrscher, der über ein Lehen des Kaisers verfügt, ein neu geschaffenes Land planen und frei gestalten, selbstständig wirtschaftlich handeln und alle seine Ideen verwirklichen. Ökonomisches Denken, herrschaftliches Handeln und Planen, Verfügbarkeit von und Umgang mit Besitz, das sind die Voraussetzungen für die Unternehmungen, die Faust im fünften Akt realisiert.

Als Gelehrter hatte er von allen diesen Dingen keinerlei Ahnung. Die Wette mit Mephisto, der ihm als Knecht dient, fördert die beschriebene Entwicklung enorm, aber bei allem, was Faust treibt, kommt es darauf an, wie er die Möglichkeiten des Bösen einsetzt, damit am Ende Gutes entsteht. Dies gelingt jedoch nicht immer, „Kollateralschäden" werden seinen Weg bis zum Schluss säumen.

Besitz als Handlungspotenzial

Zur Einschätzung von Fausts unternehmerischen Fähigkeiten in „Faust II"
ist es notwendig, sich zunächst darüber ein Urteil zu bilden, welche Voraussetzungen die Figur Faust aus dem ersten Teil der Tragödie mitbringt. Mit
ökonomischen Fragen setzt er sich dort noch nicht auseinander, das Thema
Herrschaft spielt auch noch keine Rolle, wohl aber das Thema des Besitzens.
In „Faust I" gibt es einige Szenen, in denen deutlich wird, was für Faust
materieller Besitz bedeutet und wie er mit ihm umgeht.

Bevor allerdings auf Faust selbst eingegangen wird, soll zunächst ein Blick
auf die erste Szene des *Prologs* geworfen werden, weil sich hier schon eine
wesentliche wirtschaftliche Grundhaltung zeigt, die nicht nur dem Autor
Goethe, sondern auch seinem Protagonisten zu eigen ist.

Schon gleich zu Beginn des Faust-Dramas spielt das Wirtschaften eine wesentliche Rolle. Das *Vorspiel auf dem Theater* erfüllt als präludierender Teil
des Gesamtdramas mehrere Funktionen. Da ist zunächst die Möglichkeit, die
drei Parteien vorzustellen, die am Zustandekommen eines Theaterstücks beteiligt sind: Der Direktor vertritt den Wirtschaftsbetrieb, die Lustige Person
steht für die Schauspieler und der Dichter ist für die Stückvorlage zuständig.
Die drei setzen sich mit der Entstehung und Aufführung eines noch zu entwerfenden Bühnenstücks auseinander. Das Innenleben dieser drei Positionen
war Goethe bestens vertraut, als Dichter ohnehin, als Gelegenheitsschauspieler insbesondere in seinen ersten Weimarer Jahren und schließlich durch
seine Tätigkeit als Direktor des Weimarer Hoftheaters von 1791 bis 1817.
So konnte er seine reichhaltigen Erfahrungen und Anschauungen in die verschiedenen Haltungen der drei Figuren einfließen lassen.

Der Direktor ist als Besitzer des Theaters für die wirtschaftliche Seite des
Theaterbetriebs verantwortlich. Er „mag gern die Menge sehen" (V. 49)[28],
die „sich bis an die Kasse ficht" (V. 54) und „um ein Billet sich fast die
Hälse bricht" (V. 56). Es ist deutlich, dass er sich ein volles Haus wünscht,
damit ein Maximum an Einnahmen erzielt wird. Dafür ist er auch bereit zu

---

28 Alle Verszitate aus dem „Faust" sind der Hamburger Ausgabe (Kürzel: Faust)
    entnommen: Goethe, Johann W.: Goethes Faust. Hamburger Ausgabe (Hrsg.
    Erich Trunz). Hamburg. 1960. 6. Auflage

investieren, um einen attraktiven äußeren Rahmen zu schaffen: „Drum schonet mir an diesem Tag/Prospekte nicht und nicht Maschinen"[29] (V. 233f.). In der Person des Theaterdirektors klingt im Rahmen eines „Vorspiels" das Motiv des wirtschaftlich tätigen Menschen an, und im eigentlichen „Spiel" wird es für Faust im zweiten Teil der Tragödie später ein Hauptmotiv seines ganzheitlichen Strebens. Goethe selbst wusste durch seine Erfahrungen als Theaterdirektor um die Notwendigkeit sinnvollen Wirtschaftens, welches der Direktor im *Vorspiel* beispielhaft demonstriert: Er besitzt ein Theater, bietet ein attraktives „Produkt" an und strebt nach möglichst viel Profit, um damit tätige Personen (Dichter, Schauspieler, sich selbst) bezahlen und weiter in attraktive „Produkte" investieren zu können. Somit drückt sich in dieser Haltung des Direktors der Typus des Homo oeconomicus aus, der allerdings etwas abgewandelt ist zum Idealtypus des produktiv Besitzenden, der sich mit seinen Mitstreitern austauscht und in gewissen Grenzen nicht alles dem Nützlichkeitsdenken unterwirft, indem er gestattet, dass ein erheblicher künstlerischer Bühnenaufwand betrieben werden darf. Mit seinem Geschäftssinn treibt es der Direktor jedoch so weit, dass er vom Theaterdichter ausschließlich publikumswirksame Stücke fordert, während dieser gern in völliger Freiheit und Unabhängigkeit dichterisch kreativ sein möchte. In ähnlicher Weise wird sich auch Fausts spätere wirtschaftliche Wirksamkeit in einen schwer lösbaren Widerspruch zu den Bedürfnissen anderer Menschen (z. B. gegenüber Philemon und Baucis am Ende von „Faust II") stellen.

Faust geht es wie dem Theaterdirektor um das Streben nach nützlichen Taten, („Der Worte sind genug gewechselt,/Laßt mich auch endlich Taten sehn!" (V. 215f.)) und das Umsetzen des wirtschaftlich Gewollten in die Wirklichkeit.

Wenngleich er in seinem ersten Monolog zu Beginn der Tragödie in der Szene *Nacht* sich darüber beklagt, dass er „weder Gut noch Geld" (V. 374) habe, ist dies doch nur eine Klage unter einigen anderen. Um es vorweg zu sagen, spielen Geld und Besitz für Faust nur dann eine Rolle, wenn er damit tätig sein kann. Materielle Besitzanhäufung rein aus Habgier oder zur Genussbefriedigung haben für ihn keine Bedeutung. Dies wird auch deutlich in

---

29 Gemeint sind „gemalte Bühnenhintergründe; Wind- und Donnerapparaturen" (Schöne, Albrecht: Goethe Faust – Kommentare. Frankfurt am Main. 2003. S. 160).

der Szene, in der er zum zweiten Mal von Mephisto in seinem Studierzimmer besucht wird. Faust ist wie am Anfang sehr unzufrieden mit allem und steigert sich in diese negative Stimmung so hinein, dass er über zwanzig Verse hinweg alles Mögliche verflucht (insgesamt zehn Flüche). Mit zwei Flüchen, die sich über sechs Verse ausbreiten, hat das Thema Besitz dabei einen großen Anteil:

> Verflucht, was als Besitz uns schmeichelt,
> Als Weib und Kind, als Knecht und Pflug!
> Verflucht sei Mammon, wenn mit Schätzen
> Er uns zu kühnen Taten regt,
> Wenn er zu müßigem Ergetzen
> Die Polster uns zurechtlegt! (V. 1597–602)

In diesen Versen verdeutlicht Faust, was er unter Besitz versteht. Es ist eine patriarchalische Besitzauffassung. Man(n) besitzt Menschen, nämlich Frauen, Kinder und Untertanen, die für einen arbeiten. Auch die Produktionsmittel („Pflug" (V. 1598)), mit denen andere zu arbeiten haben, kann man besitzen. „Schätze" (V. 1599) erleichtern das Tätigwerden oder das Genießen von Freizeit. Diese Auffassung behält Faust bis zum Schluss bei, wo er als Herrscher über eine große Zahl von Knechten verfügt. Der Gedanke, als Herr einen Knecht besitzen zu können, ist für Faust eine ebensolche Selbstverständlichkeit wie für den Herrn im *Prolog im Himmel*. Der Unterschied besteht darin, dass für Faust „Knecht und Pflug" (V. 1598) zusammengehören, d. h. der Knecht ist unfrei und arbeitet ausschließlich für seinen Besitzer, während der Herr im *Prolog* seinen Knecht in dessen Tätigkeit völlig frei lässt.

Was aber erhofft sich Faust von Mephisto in Bezug auf das Thema Besitz nun wirklich?

> (…) hast
> Du rotes Gold, das ohne Rast,
> Quecksilber gleich, dir in der Hand zerrinnt (V. 1678–80)

Faust will kein Erstarren, keine Ergebnisse, keinen dauernden Besitz, schon gar nicht „Mammon" (V. 1601) für „müßiges Ergetzen" (V. 1599), sondern ein Fortschreiten unmittelbar nach dem Erreichen. Materieller Besitz ist für ihn kein Selbstzweck. Nachdem Mephisto ihm bestätigt, dass er „mit solchen Schätzen (…) dienen" (V. 1689) könne, lässt sich Faust auf dessen Vorschlag des Zusammenwirkens in Form der Wette ein. Es ist allerdings deutlich, dass Mephisto nicht verstehen kann, was Faust wirklich antreibt. So wird er im weiteren Verlauf immer wieder versuchen, Faust dahin zu bringen, dass dieser

Gold oder andere Besitztümer ohne Aussicht auf neue sinnvolle Tätigkeiten nur des Besitzens wegen begehrt.

Nachdem Faust mit Mephisto die Wette abgeschlossen hat, bringt Mephisto noch in derselben Szene auf seine Weise Geld und Besitz ins Spiel:

> Was Henker! freilich Händ' und Füße
> Und Kopf und Hintern, die sind dein;
> Doch alles, was ich frisch genieße,
> Ist das drum weniger mein?
> Wenn ich sechs Hengste zahlen kann,
> Sind ihre Kräfte nicht die meine?
> Ich renne zu und bin ein rechter Mann,
> Als hätt' ich vierundzwanzig Beine.
> Drum frisch! Laß alles Sinnen sein,
> Und grad' mit in die Welt hinein! (V. 1820–29)[30]

Albrecht Schöne hat eine Stelle von Karl Marx in seinen Faust-Kommentar aufgenommen, in der sich dieser auf das angegebene Zitat[31] bezieht. Schöne bemerkt dazu, dass „mit einer »Auslegung der göthischen Stelle« (…) der junge Marx 1844, 319 ff. aus diesen Versen seine Charakteristik des kapitalistischen »Privateigenthums« abgeleitet"[32] hat. Diese Ableitung soll hier ausführlich wiedergegeben werden, da sie zeigt, wie intensiv eine Stelle aus dem „Faust" ökonomisch-philosophische Gedanken über den Geldbesitz anzuregen vermag. Karl Marx war damals sechsundzwanzig Jahre alt, als er das Folgende schrieb:

„Was ich zahlen kann, d. h., was das Geld kaufen kann, das *bin ich*, der Besitzer des Geldes selbst. So groß die Kraft des Geldes, so groß ist meine Kraft. Die Eigenschaften des Geldes sind meine – seines Besitzers – Eigenschaften und Wesenskräfte. Das was ich *bin* und *vermag* ist also keineswegs durch meine Individualität bestimmt. < … > Ich – meiner Individualität nach – bin *lahm*, aber das Geld verschafft mir 24 Füsse; ich bin also nicht lahm; ich bin ein schlechter, unehrlicher, gewissenloser, geistloser Mensch, aber das Geld ist geehrt, also auch sein Besitzer. Das Geld ist das höchste Gut, also ist sein Besitzer gut, das Geld überhebt mich überdem der Mühe unehrlich zu sein, ich werde also als ehrlich präsumirt; ich bin *geistlos*, aber das Geld ist der *wirkliche Geist* aller Dinge, wie sollte sein Besitzer geistlos sein? Zudem kann er sich die geistreichen Leute kaufen und wer die Macht über d<en> Geistreichen hat, ist der nicht geistreicher als der Geistreiche? Ich, der durch das

---

30 Zu V. 1821: in der Hamburger Ausgabe „H – –" statt „Hintern".
31 Genauer V. 1824–27: „sechs Hengste" bis „vierundzwanzig Beine".
32 Schöne: Faust – Kommentare. S. 266

Geld *alles*, wonach ein menschliches Herz sich sehnt, vermag, besitze ich nicht alle menschlichen Vermögen? Verwandelt also mein Geld nicht alle meine Unvermögen in ihr Gegentheil? < … > Da das Geld, als der existirende und sich bethätigende Begriff des Werthes alle Dinge verwechselt, vertauscht, so ist es die allgemeine *Verwechslung* und *Vertauschung* aller Dinge, also die verkehrte Welt, die Verwechslung und Vertauschung aller natürlichen und menschlichen Qualitäten."[33]

Faust widerspricht den Äußerungen Mephistos zu den sechs Hengsten nicht. Er wird zwar durch Mephisto zu einem Geldbesitzer (oder besser Geldverfüger), aber er bezeichnet sich selbst im ganzen Stück nie als solchen. Er kümmert sich kein einziges Mal direkt um das Bezahlen seiner Aktivitäten, sondern überlässt dies völlig Mephisto und dessen magischen Fähigkeiten. An keiner Stelle wird erwähnt, dass Faust konkret Geld in die Hände nimmt. Auch erfährt man nirgends, dass er in übermäßigem Luxus schwelgt, wenngleich er schließlich im fünften Akt in einem nicht näher beschriebenen Palast lebt. Da für ihn das Geld nicht wie nach Marx „das höchste Gut"[34] darstellt, trifft auf ihn auch nicht die oben geäußerte Marxsche These zu, der Besitz von Geld verhelfe dem Besitzer zu guten Eigenschaften. Ganz selbstverständlich dagegen nimmt er es in Kauf, dass über Mephisto das Bezahlen dazu dient, menschliche Arbeitskraft für sich zu nutzen. So erweist sich am Ende von „Faust II" das „Prinzip der sechs Hengste" überaus deutlich. Der hundertjährige, kurz vor seinem Tod stehende Faust befiehlt seinen „Knechten" (V. 11503), an die Arbeit zu gehen, Entwässerungsgräben zu schaufeln. Er äußert sich zu diesen Plänen wie folgt: „Was ich gedacht, ich eil' es zu vollbringen;/Des Herren Wort, es gibt allein Gewicht" (V. 11501f.) und: „Daß sich das größte Werk vollende,/Genügt e i n Geist für tausend Hände" (V. 11509f.). Dass ein Einzelner „tausend Hände" (V. 11510) bezahlen kann, ist die Steigerung der „sechs Hengste" (V. 1824) ins Unermessliche, denn die Zahl Tausend steht bildhaft für eine riesige Menge. Wo in früheren Zeiten die herrschende Klasse zunächst durch reine Machtverhältnisse Menschen in ihre Dienste zwang (Sklaven), verändert sich dies im Lauf der Geschichte immer mehr in Richtung Entlohnung (Knecht als Zwischenform), sodass heutzutage in einer durch den Kapitalismus geprägten Gesellschaft keine direkten Herrschaftsverhältnisse mehr benötigt werden, sondern indirekt

---

33 Ebd. S. 266f.
34 Ebd. S. 266

über die Bezahlung Macht entsteht (Arbeiter), und so können einzelne reiche Menschen oder Unternehmen abertausende Lohnempfänger für sich arbeiten lassen. Faust vertraut jedoch selbst in hohem Alter nicht allein darauf, durch Zahlung von Lohn genügend Arbeiter zu bekommen, und gibt deshalb Mephisto folgenden Auftrag:

> Wie es auch möglich sei,
> Arbeiter schaffe Meng' auf Menge,
> Ermuntere durch Genuß und Strenge,
> Bezahle, locke, presse bei! (V. 11551–54)

Im Grunde findet hier eine gewisse Restauration statt, indem der Großbürger Faust seiner Kapitalpotenz misstraut und lieber feudale Macht mit ins Spiel bringt. Und dabei kann man sich vorstellen, wie Mephisto die „Ermunterung durch (…) Strenge" (V. 11553) und die „Herbeipressung" (V. 11554) auslegen wird, sodass wahrscheinlich wie schon bei Philemon und Baucis gewaltvoll vorgegangen wird.

Es sei noch darauf hingewiesen, dass laut Mephisto die Verfügbarkeit der Kräfte anderer Menschen durch Geldbesitz einen Genuss darstellt, was er durch seine einleitenden Worte „Doch alles, was ich frisch genieße, / Ist das drum weniger mein?" (V. 1822f.) und die Wiederholung „Drum frisch!" (V. 1828) verdeutlicht. Das Adverb „frisch" fordert hier zum Genuss ohne vorheriges Nachdenken auf: „Drum frisch! Laß alles Sinnen sein" (V. 1828). Und tatsächlich unterlässt Faust die Reflexion, für ihn wird es bis zum Schluss immer selbstverständlicher, die Kräfte der „sechs Hengste" (V. 1824) auf Kosten anderer für sich verfügbar zu machen.

Zum ersten Mal im Drama konkretisiert sich Fausts Umgang mit materiellem Besitz im Zusammenhang mit Gretchen. Zunächst fordert er Mephisto dazu auf, ihm „etwas vom Engelsschatz" (V. 2659) zu „schaffen" (V. 2659). Er soll ihm aus Gretchens Besitz „ein Halstuch von ihrer Brust, / Ein Strumpfband [s]einer Liebeslust" (V. 2661f.) „schaffen" (V. 2661). Für Faust stellt diese Form des Besitzerwerbs allerdings scheinbar kein Problem dar, er fragt nicht nach, woher Mephisto den Schmuck für Gretchen hat, den er ihr schenken will, und er wird auch am Schluss von „Faust II" keine Fragen stellen, wenn Mephisto als Pirat Fausts Vermögen vergrößert.

Vor dem Duell mit Gretchens Bruder Valentin taucht zum ersten Mal ein „konkreter" Schatz auf, allerdings entweder auf magische Weise oder doch nur als Vision, der aus einem „Kesselchen" (V. 3667) besteht, das

„Löwentaler" (V. 3669) („Silbermünzen"[35]) enthält. Faust interessiert sich nicht für diese Münzen, er erhofft sich nur Geschmeide für Gretchen. Es zeigt sich auch hier, dass er nach Geldreichtum kein direktes Verlangen hat, sondern den Besitz von Schätzen nur für situatives Handeln braucht.

Auf dem Gang „durch das wilde Leben" (V. 1860) führt Mephisto Faust in der *Walpurgisnacht* auf den Brocken. Die dort stattfindende Versammlung der Bösen stellt das Gegenbild zur Versammlung der himmlischen Heerscharen im *Prolog im Himmel* dar und ist der Höhepunkt von Mephistos Angriffen auf Faust im ersten Teil des Dramas. Auf zwei verschiedene Arten soll Faust zum Bösen verführt werden, es geht zum einen um den Besitz von Gold, zum anderen um rein triebgesteuerte Sexualität.

Beim ersten Verführungsversuch zeigt Mephisto Faust auf magische Weise während des Aufstiegs auf den Brocken im Berg liegende Goldadern und spricht davon, „wie im Berg der Mammon" (V. 3915) glühe. Faust ist von der ganzen Erscheinung fasziniert, er beschreibt seine Beobachtungen des Naturgeschehens, wie zum Beispiel der ganze Berg von den Adern durchzogen ist, wie Glut und Funken sprühen und sogar „in ihrer ganzen Höhe/(…) sich die Felsenwand" (V. 3930f.) entzündet. Es treten in dieser Szene zwischen Faust und Mephisto gegensätzliche Betrachtungsweisen auf. Paul Requadt hebt hervor, dass „das Staunen über das Naturwunder, dessen Faust ansichtig wird, (…) im Zeigen der einzelnen Phänomene und in poetischen Vergleichen (‚wie ein zarter Faden', ‚wie ein Quell') durch[bricht]."[36] Beim Anblick dieses gigantischen Reichtums äußert Faust nichts, was auf ein Besitzenwollen dieses Goldes hinweist; ganz anders hingegen Mephisto: „Statt auf ein Naturphänomen deutet er auf den Gott Mammon, den Gott des ‚irdischen Gewinns' (V. 3915, 3933), vor dem die Evangelien den Menschen warnen (Matth. 6,24; Luk. 16,13). Er kennt das Gold nur in seiner regimentalen Funktion, als den im ‚Palast' residierenden Weltherrscher."[37] Trunz führt dazu aus, dass Mammon „bei Milton ein Teufel [ist], der Satan einen Palast mit feurigen Goldadern baut. (…) Goethe entwickelt diese Vorstellungen weiter in seinem großen Bilde magischer Welt: die Erde glüht auf als Teufelspalast; denn das

---

35 Schöne: Faust – Kommentare. S. 335
36 Requadt, Paul: Goethes »Faust I« – Leitmotivik und Architektur. München. 1972. S. 289
37 Ebd.

Gold ist wie das Geschlecht Teufelsbereich, Satans Lieblingsmittel."[38] Durch das Herankommen der „ungestümen Gäste" (V. 3935), der „Windsbraut" (V. 3936) bzw. der Hexen, werden die beiden abgelenkt. Es ist sehr unwahrscheinlich, dass Faust ohne diese Störung doch noch zu einem „Goldgräber" geworden wäre, es ist dagegen deutlich und es entspricht auch allen seinen bisherigen Verhaltensweisen, dass er dieser ersten Versuchung mit Leichtigkeit widersteht, er ist – wie schon erwähnt – völlig immun dagegen, nach Gold, einem der beiden „Lieblingsmittel"[39] Satans, nur um des Besitzenwollens zu streben.

Beim zweiten Verführungsversuch – auf den hier eingegangen werden soll, weil er mit dem ersten in Form eines Doppelmotivs eine Einheit bildet – geht es heftiger zur Sache. Goethe hatte diese Verführungsszene in Form einer Satansmesse aufgrund einer Selbstzensur nicht veröffentlicht, ihm war deutlich, dass die drastische Darstellung für das damalige Publikum nicht geeignet war. Schöne hat sie rekonstruiert, zuerst in seinem Buch „Götterzeichen, Liebeszauber, Satanskult"[40] veröffentlicht und in den Anhang seiner Faust-Ausgabe aufgenommen.[41] Auf dem Gipfel befindet sich im Zentrum des Geschehens der Satan, der zur Menge von „zwey Dingen"[42] „predigt", von dem glänzenden und leuchtenden Gold und von der sexuellen Lust. Es sind

---

38 Faust. Anmerkungen. S. 523
39 Ebd. 42
40 Schöne, Albrecht: Götterzeichen – Liebeszauber – Satanskult – Neue Einblicke in alte Goethetexte. München. 1993. 3. Auflage
41 Schöne, Albrecht: Goethe Faust – Texte. Frankfurt am Main. 2003. Die Handschrift Paralipomenon (HP) 50 ist zu finden ab S. 552. Eine von Schöne vorgeschlagene Bühnenfassung der Walpurgisnacht unter Einbeziehung der Satansmesse findet sich ab S. 737. Er hat sie nach der Begegnung mit der Trödelhexe in den Handlungsablauf eingefügt. Diese Einordnung wird in der vorliegenden Studie übernommen. Jochen Schmid dagegen ist im Unterschied zu Schöne der Meinung, „daß die Satansszene (...) nach dem Intermezzo des Walpurgisnachtstraums ihren Platz finden sollte" (Schmidt, Jochen: Goethes Faust, Erster und Zweiter Teil: Grundlagen – Werk – Wirkung. München. 2001. 2. Auflage. S. 192). Dieter Borchmeyer vertritt demgegenüber die Ansicht, dass sich die Satansmesse nicht „von Stil und Inhalt her mit der endgültigen Konzeption der »Walpurgisnacht« (...) verbinden" (Borchmeyer, Dieter: Weimarer Klassik – Portrait einer Epoche. Weinheim. 1994. S. 553) lässt.
42 Aus: Goethe. (HP) 50, zitiert nach Schöne: Faust – Texte. S. 553. Z. 27 und Z. 46

männliche und weibliche Hexen versammelt, sie werden vom Satan als „Bö-
cke" und „Ziegen"[43] bezeichnet, damit „auf ihre tierhafte Geschlechtlichkeit
zurückgeführt (…), (…) wie Tiere benannt, wie Tiere sortiert."[44]

Die zentrale Stelle der Predigt:[45]

Satan rechts gewendet.	*Satan lincks gewendet.*
[zu den ‚Böcken']	*[zu den ‚Ziegen']*
Euch giebt es zwey Dinge	Für euch sind zwey Dinge
So herrlich und groß	Von köstlichem Glanz
Das glänzende Gold	Das leuchtende Gold
Und der weibliche Schoos.	Und ein glänzender Schwanz
Das eine verschaffet	Drum wißt euch ihr Weiber
Das andre verschlingt	Am Gold zu ergötzen
Drum glücklich wer beyde	Und mehr als das Gold
Zusammen erringt.	Noch die Schwänze zu schätzen.
(…)	

Das Gemeinsame für die Männer und Frauen ist die Versuchung des Goldes /
Geldes (und damit der Macht) und die Versuchung der tierhaften Geschlechtlichkeit. Die Absicht des Bösen, den Menschen in diese beiden Verirrun-
gen möglichst gleichzeitig zu bringen, wird in verschiedenen Variationen
vor allem in „Faust II" immer wieder auftauchen, aber nirgendwo ist das
Doppelmotiv Besitz / Genuss so drastisch versinnbildlicht. Der Mensch soll
dazu gebracht werden, „tierischer als jedes Tier" (V. 286) zu werden, wie es
Mephisto schon im *Prolog im Himmel* angedeutet hat. Während der Herr
im *Prolog* anlässlich der Versammlung der himmlischen Heerscharen das
Streben des Menschen, „des Menschen Tätigkeit" (V. 340), als Ideal hervor-
hebt und gegenüber den anwesenden drei Erzengeln das „Schöne" (V. 345),
das „Werdende" (V. 346), die „Liebe" (V. 347) und „dauernde Gedanken"
(V. 349) (Erhaltung der Qualität des Geistigen) als Welten-Aufgaben be-
nennt, stellt die *Satansmesse* das Gegenbild dar, wo der Mensch sein Tätig-
keitsgebiet im Materiellen und im rein Triebhaften suchen soll.

Nach der „Messe" (und dem Ende von Goethes Selbstzensur) „formiert
sich [die Menge] zum Ringtanz, der übergeht in die Sexualorgie."[46] Dabei

---

43 Ebd. S. 552, Z. 9 und Z. 10
44 Schöne: Faust – Kommentare. S. 937
45 Aus: Goethe. (HP) 50, zitiert nach Schöne: Faust – Texte. S. 553. Z. 26–53
46 Schöne: Faust – Texte. S. 749. Regieanweisung von Schöne (nicht von Goethe).

entdeckt Faust Lilith. Sie stellt den Inbegriff der Verführungskunst dar: „Da Gott 1. Mos. 1,27 ‚ein Männlein und Fräulein‘ (Luther) erschafft, dann aber 2,21f. aus Adams Rippe Eva entstehen läßt, bildete sich die altrabbinische Sage von Adams erster Frau, Lilith. Sie trennt sich im Streit von ihm und verbindet sich mit dem obersten der Teufel; ihre Kinder sind Gespenster; sie selbst ist der weibliche Satan (succuba)."[47] Es kommt nun im Strudel der Orgie zu einem erotischen Tanz zwischen Faust und einer jungen, schönen Hexe. Faust gelingt es gerade noch rechtzeitig, der Versuchung zu widerstehen. Beinahe zeitgleich wird ihm plötzlich bewusst, dass er zum einen sich gerade mit einer Hexe einlässt („mitten im Gesange sprang / Ein rotes Mäuschen ihr aus dem Munde" (V. 4178f.) – was er abstoßend findet), zum anderen nimmt er eine geisterhafte Erscheinung Gretchens wahr, wodurch sein Gewissen erwacht, sodass er der Versuchung durch die „Dämonie des Geschlechtlichen"[48] nicht erliegt.

Im ganzen „Faust I" ist Faust immun gegen die Verführung des Besitzens, es ist für ihn nur Mittel zum Zweck, und am Ende ist er auch gefeit gegen die Verführung der sexuellen Gier. Erst im vierten Akt wird Mephisto in der Szene *Hochgebirg* wieder versuchen, Faust zeitgleich in diese beiden Richtungen zu verführen.

In der *Mummenschanz*-Szene im ersten Akt von „Faust II" wird nochmals explizit verdeutlicht, was Faust unter Besitz versteht und welche Vorstellung er davon hat, wie man mit Reichtum umgehen sollte. Dies wird im folgenden Kapitel näher ausgeführt.

---

47 Faust. Anmerkungen. S. 524
48 Borchmeyer: Weimarer Klassik. S. 553

Vom Gelehrten zum Landesplaner

Die Entwicklung der Figur Faust vom Gelehrten zum Landesplaner ist einer der Haupthandlungsstränge in „Faust II". Sie steht vor allem im ersten, dritten und vierten Akt als beherrschende Handlungsmotivation des Protagonisten im Vordergrund. Der zweite Haupthandlungsstrang, die Suche nach Helena, wird im dritten Akt mit dem ersten verflochten, indem Faust mit ihr eine Verbindung eingeht und beide gemeinsam herrschen.

Ökonomische Allegorie in der Mummenschanz-Szene

Im ersten Akt von „Faust II" geht es darum, Faust möglichst rasch in das Zentrum der „großen Welt" zu befördern. Mephistos Plan ist es, Faust als den Retter der Finanz- und Wirtschaftskrise, die den Staat gerade voll erfasst hat, einzuführen. Die finanzielle Krise soll durch die Einführung von Papiergeld, das dann von Faust mit Mephistos Hilfe besorgt wird, überwunden werden. Zunächst einmal müssen aber der Staatsrat und der Kaiser davon überzeugt werden. Mephisto erschleicht sich als verkleideter Narr den Zugang zum Staatsrat und bringt den Mitgliedern die Vorstellung nahe, wie viele Schätze in dem kaiserlichen Grund und Boden begraben seien. Diese Ausführungen bringen den Gedanken der Golddeckung einer Papiergeldwährung ins Spiel – allerdings ohne jedoch das Spekulative der fraglichen Existenz vergrabenen und unentdeckten Goldes zu sehr zu betonen. Der Kaiser setzt sich eher widerwillig mit diesen Ausführungen Mephistos auseinander, ihm ist der bevorstehende Maskenzug wichtiger. Aber Mephisto hat geschickt den Blick auf das Thema Gold gelenkt, das beim Auftritt von Faust in der folgenden *Mummenschanz*-Szene eine herausragende Rolle spielt, um den Kaiser und den Staatsrat durch die Bildkraft des allegorischen Geschehens auf die Einführung des Papiergelds vorzubereiten. Tatsächlich beruht die Wirkung der Geldscheine auf einem der Allegorie ähnlichen Schein, da der aufgedruckte Wert nicht dem realen Wert des bloßen Papiers entspricht.

Der *Mummenschanz* bietet Faust die Gelegenheit, sich bei Hofe einzuführen. Er hat vor, eine Rolle zu spielen, die ihn als Finanzfachmann empfiehlt. Nachdem verschiedene maskierte Gruppen vorbeigezogen sind, taucht ein Wagen mit Faust im Mittelpunkt auf, der als verkleideter Plutus, als „Gott des Reichtums" (V. 5569) erscheint. Mephisto dagegen ist als der personifizierte Geiz (der Abgemagerte) maskiert, was ja seinem Wesen entspricht[49]. Zu dieser Gruppe gehört noch der Knabe Lenker, der das Gegenteil des Geizes verkörpert, die Verschwendung bzw. die Poesie, deren Wesen es ja entspricht, aus dem Vollen schöpfen und geben zu können. Ein Herold hat alle bisher auftretenden Maskenzüge und Personen angekündigt und beschreibt und charakterisiert nun auch diese Dreiergruppe. Plutus scheint für ihn „reich und milde" (V. 5554) zu sein und „seine reine Lust zu geben/Ist größer als Besitz und Glück" (V. 5558f.). In der Rolle als Plutus verkörpert Faust zwar allegorisch diese Eigenschaften, sie lassen sich aber kaum aus seinen bisherigen Handlungen im Drama ableiten. Tatsächlich sind „Besitz und Glück" (V. 5559) für Faust nur insofern Lebensziele, als sie ihn in seinem Streben voranbringen. In seiner Rolle als Plutus scheint für Faust das „Geben" (V. 5558) „reine Lust" (V. 5559) zu sein, aber im richtigen Leben ist dies nicht gerade seine hervorstechendste Eigenschaft, weder in „Faust I", noch in „Faust II". Fasst man das hier gemeinte „Geben" als Schenken von etwas Materiellem auf, so steckt hinter seinen Schmuckgeschenken an Gretchen keinesfalls eine „reine" Lust, und darüber hinaus gibt es sowieso keine weiteren Stellen im „Faust", abgesehen von seiner Rolle als Plutus, an denen er etwas verschenkt. Eigentlich wäre es zutreffender, wenn der Herold geäußert hätte, dass „seine reine Lust zu s t r e b e n größer als Besitz und Glück" sei, doch passt „g e b e n" natürlich besser zum Kontext der Szene.

Schon am Anfang des Auftritts von Knabe Lenker, Plutus und Abgemagerter/Geiz bezeichnet der Knabe Lenker diese als „Allegorien" (V. 5531). Die vom Herold geforderten „Künste" (V. 5581) sind demnach „allegorische Zauberspiele"[50], „die Reichtümer (...) versinnbildlichen die Imaginationskraft und den Fiktionscharakter der Dichtkunst. – *Das ist die Münze der Poeten*"[51], so steht es noch in einem Entwurf Goethes zum „Faust."[52] Diese

---

49 Vgl. Mephistos Ärger über Gretchens an die Kirche verloren gegangenen Schmuck (V. 2805ff.).
50 Schöne: Faust – Kommentare. S. 445
51 Ebd.
52 Goethes Entwurf I H24 ist zu finden in: Schöne: Faust – Texte. S. 607, 14

„Münze[n] der Poeten"[53] „gleißen golden (V. 5605), d. h. auch dem poetisch Wertvollsten wird die Symbolik des Goldes zugeordnet.

Von dem Herold aufgefordert, sich selbst zu charakterisieren, meint der Knabe Lenker, er sei „die Verschwendung, (...) die Poesie" (V. 5573) und „unermeßlich reich" (V. 5576). Der Herold bittet ihn, seine „Künste" (V. 5581) zu demonstrieren, und so beginnt er, kostbare Gegenstände wie eine „goldne Spange" (V. 5585), aber auch „Flämmchen" (V. 5588) schnippend unter die Menge zu verteilen. Doch die Kostbarkeiten verwandeln sich rasch in „Käfer" (V. 5599) und „Schmetterlinge" (V. 5603), das Ganze ist ein „Maskenspaß" (V. 5728). In diesem Geschehnis zeigt sich deutlich, wie der Verschwender eine Zeitlang aus dem Vollen schöpfen kann. Danach droht aber die Verflüchtigung, sodass nur noch Geringwertiges bestehen bleibt oder womöglich überhaupt nichts.

Früher war gemäß der „Gesellschaftsordnung (...) die Nutzung von Gold immer noch das Vorrecht der Reichen und Mächtigen. Dem Volk blieb das Betrachten und Bewundern goldener Pracht in Gotteshäusern und bei Prozessionen, wo sie den – ganz in der Überlieferung frühmittelalterlicher Traditionen – hochgeschätzten und verehrten Gegenständen begegneten."[54] In dieser und in den folgenden Szenen spielt das Betrachten der goldenen Pracht sowie das spielerische Verführen zum Erhaschen vermeintlichen Goldes eine entscheidende Rolle.

Nach dem Knaben Lenker wird der Abgemagerte / Mephisto von anwesenden Weibern provoziert, woraufhin er prompt zu einer Retourkutsche ansetzt und dem arbeitenden und sparsamen Mann die Frau gegenüberstellt, die „weit mehr Begierden hat als Taler" (V. 5657) und deshalb von ihm trotz „Schulden" (V. 5659) viel Geld abverlangt:

Sie wendet's, kann sie was erspulen,
An ihren Leib, an ihren Buhlen;
Auch speist sie besser, trinkt noch mehr
Mit der Sponsierer leidigem Heer;
Das steigert mir des Goldes Reiz:
Bin männlichen Geschlechts, der Geiz! (V. 5660–65)

---

53 Ebd.
54 Bachmann, Hans-Gert: Mythos Gold – 6000 Jahre Kulturgeschichte. München. 2006. S. 221

Der Abgemagerte/Mephisto gibt vor, darunter zu leiden, für all die Wünsche und Begierden seiner Gattin bezahlen zu müssen Daraus entsteht in dieser Rede die Steigerung „des Goldes Reiz" (V. 5664) für ihn und die Verwandlung in die Allegorie des Geizes, unter der Mephisto im weiteren Verlauf der Szene firmiert.

Der nun beginnende Auftritt von Plutus/Faust ist ebenso wie der des Knaben Lenker und der des Geizes/Mephisto sehr vom Reichtum in Form von Gold geprägt. Schon das Herabsteigen des Plutus/Faust mit seiner Schatzkiste vom Wagen wird vom Herold mit den Worten „Die Kiste haben sie vom Wagen/Mit Gold und Geiz herangetragen" (V. 5685f.) begleitet. Der Knabe Lenker kann nun von Plutus/Faust in seine poetische „Sphäre" (V. 5690) entlassen werden. „Wenn Plutus-Faust den Knaben Lenker (…) aus der Hofwelt in die »Einsamkeit« verweist (V. 5690ff.), so drückt sich darin aus, daß dem Reichtum, wie er hier durch Plutus personifiziert wird, das Gewand der Künste, der Poesie, die ihn bisher repräsentativ schmückten, nicht mehr ansteht, verwandelt er sich doch in den rein materiellen Besitz."[55] Deshalb „ist es Zeit, die Schätze zu entfesseln!" (V. 5709), und Plutus/Faust öffnet die mitgebrachte Kiste mit den Worten:

Es tut sich auf! schaut her! in ehrnen Kesseln
Entwickelt sich's und wallt von goldnem Blute,
Zunächst der Schmuck von Kronen, Ketten, Ringen
Es schwillt und droht, ihn schmelzend zu verschlingen. (V. 5711–13)

„Der in der Schatztruhe aufbewahrte Repräsentationsschmuck (»Kronen, Ketten, Ringe«: V. 5713) [wird] in den nackten materiellen Besitz eingeschmolzen"[56]:

Gefäße, goldne, schmelzen sich,
Gemünzte Rollen wälzen sich. –
Dukaten hüpfen wie geprägt (V. 5717–19)

In dem Schmelzprozess des Goldes, aus dem geprägte Goldmünzen resultieren, entsteht ein sonderbares Bild: „Das geschmolzene Gold wallt

---

55 Borchmeyer: Weimarer Klassik. S. 556
56 Ebd.

wie Blut."[57] Wahrscheinlich greift Plutus/Faust mit der Verwendung des Wortes „Blut" (V. 5712) dessen lebensspendende Eigenschaft innerhalb des Blutkreislaufs eines Organismus heraus, um bildlich auf die Eigenschaft gemünzten Goldes (und dann bald des Papiergeldes) hinzuweisen, das wie eine Flüssigkeit (Geld strömt von einem zum anderen, sodass man liquide wird) den „Geldkreislauf" des Wirtschaftskörpers belebt.

Es geschieht eine Panne, denn aus der überquellenden Schatzkiste rollen Goldmünzen heraus, nach denen das Volk sofort gierig und ohne jegliche Skrupel greift, sie im Grunde stiehlt. Die Menge droht sogar übergriffig zu werden und sich den „Koffer" (V. 5726), „im 18. Jh. (wie französ. coffre) auch für: Truhe, Kiste"[58], mit Gewalt anzueignen. Der Herold versucht mit Worten, die Menge davon abzuhalten, indem er sie darauf hinweist, dass dies „ja nur ein Maskenspaß" (V. 5728) sei und ob man glaube, „man geb' euch Gold und Wert" (V. 5730). Aber erst ein magisches Eingreifen von Plutus/Faust hält die entfesselte, habgierige Menge zurück. Er taucht den Stab des Herolds in die Glut, die Berührung damit versengt scheinbar die Herandrängenden, sodass sie zurückweichen, und ein nun wiederum auf magische Weise gezogenes „unsichtbares Band" (V. 5762) hält für den Rest der *Mummenschanz*-Veranstaltung das Volk zurück. Schon die von dem Knaben Lenker in die Menge geworfenen Reichtümer entpuppten sich als „Maskenspaß", aber die Menge scheint so habgierig zu sein, dass sie auf alles Angebotene anspringt und offenbar vor Diebstahl und Raub nicht zurückschreckt. Wenngleich hier die Habgier der Menschen sehr deutlich zum Ausdruck kommt, sollte dabei jedoch nicht vergessen werden, dass die Finanz- und Wirtschaftskrise dazu geführt hat, dass es den meisten finanziell schlecht geht und deshalb das Bedürfnis nach mehr materiellen Möglichkeiten sehr stark ist. Zudem wird hier im Bild schon angedeutet, was später mit der Einführung von Papiergeld durch Faust tatsächlich geschehen und ebenfalls auf Schein beruhen wird: Die Truhe ist wie eine „Notenbank", in der scheinbare Goldgegenstände (die fiktiv im Boden des Reichs liegen) zu scheinbar realen Münzen bzw. zu Papierscheinen verwandelt werden, wobei ein – wiederum scheinbarer – „Überfluss" entsteht, den sich das Volk

---

57 Friedrich, Theodor/Scheithauer, Lothar J.: Kommentar zu Goethes Faust. Stuttgart. 1989. S. 224
58 Schöne: Faust – Kommentare. S. 448

gerne und ohne nachzudenken aneignen wird. Was danach daraus wird, interessiert niemand, Hauptsache ist die Vermehrung des Besitzes. Für die beiden Planer der Papiergeldeinführung, Mephisto und Faust, ist ersichtlich, dass von dem Volk bei derselben keine Schwierigkeiten zu erwarten sind – im Gegenteil, die Menschen werden nach den zwei „Maskenspäßen" nun umso schneller zugreifen, wenn das Verschenken von Geld nicht mehr nur vorgetäuscht, sondern endlich real wird.

Diese Schlussszene des *Mummenschanzes* ist wiederum eine bildhafte, warnende Vorausdeutung kommender Geschehnisse, da die bevorstehende Papiergeldeinführung zunächst erfolgreich zu sein scheint, sich dann aber ebenfalls als ein Gaukelspiel herausstellt und durch Unfähigkeit des Kaisers in einer Katastrophe (erneute Wirtschaftskrise und Krieg) enden wird.

Faust ist in seiner Rolle als Plutus als derjenige in seiner Gruppe aufgetreten, der im Gegensatz zum Geiz (Mephisto) und im Gegensatz zur Verschwendung (Knabe Lenker) trotz kleinerer Pannen besonnen mit Reichtum umgehen kann. So lernt der Kaiser ihn kennen und fasst Vertrauen zu ihm. Faust erscheint als der vom Narren / Mephisto angekündigte „hochgelahrte Mann" (V. 4969) und ist auf diese Weise erfolgreich als ein Finanzfachmann am Hof eingeführt.

Die finanzökonomische Großtat am Kaiserhof

Faust versucht mit Mephistos Hilfe die Finanzwirtschaft im Kaiserreich wieder in Schwung zu bringen, indem er zusätzlich zu dem vorhandenen Münzgeld über Nacht Papiergeld einführt. Mit magischen Mitteln werden Scheine mit der Unterschrift des Kaisers hergestellt, vervielfältigt und über nicht näher beschriebene Kanäle gleich an die Mitglieder des Staatsrats und andere Personenkreise weitergegeben. Faust und Mephisto machen jetzt Ernst mit dem „Notenbank-Spiel" aus der *Mummenschanz*-Szene. Die im Prinzip sinnvolle Methode des Papiergeldeinführens hat allerdings ein wackliges Fundament (schließlich ist Mephisto daran beteiligt), da sich das Geld nur auf die durch Mephisto ins Spiel gebrachte Spekulation auf möglicherweise vergrabene, jedenfalls unentdeckte Schätze stützt. Mephisto selbst nennt es im Gespräch mit Faust unmittelbar nach der Einführung „das Papiergespenst der Gulden" (V. 6198) und später zu Beginn des vierten Akts „falschen Reichtum" (V. 10245). Er selbst kennt übrigens abseits aller Spekulation tatsächlich „manchen altvergrabnen Schatz" (V. 2676), was er in einem Selbstgespräch in „Faust I" verriet, nachdem Faust von ihm Schmuck für Gretchen forderte.

Das eigentliche Problem aber ist, dass „die Geldseite des gesellschaftlichen Leistungskreislaufs (…) durch die neuen Geldnoten vermehrt"[59] wird. Auf der Leistungsseite jedoch geschieht zu wenig. Der Kaiser, der sich am Morgen nach dem Karnevalsumzug berichten lässt, erfährt von den Mitgliedern des Staatsrats, dass das neue Geld schon im Umlauf ist und in welcher Weise bisher damit umgegangen wurde. Der Marschalk hat die Schulden der Hofwirtschaft und der Heermeister den fälligen Heeressold beglichen, sodass in beiden Bereichen ein Neuanfang erfolgen kann. Das Volk nimmt die Scheine zunächst bedingt vertrauensvoll entgegen, denn viele gehen zu den Wechslern und tauschen gegen das gewohnte Münzgeld um, „freilich mit Rabatt" (V. 6090), und dabei machen die Wechsler gleich ein Geschäft durch den sofort schlechteren Kurs des Papiergelds. Mit den umgetauschten Gold- und Silbermünzen geht es:

> (…) zum Fleischer, Bäcker, Schenken;
> Die halbe Welt scheint nur an Schmaus zu denken,
> Wenn sich die andre neu in Kleidern bläht. (V. 6091–93)

Das zusätzliche Geld wird zum großen Teil für den Konsum verwendet und kurbelt lediglich strohfeuerartig einen Teilbereich der Wirtschaft an. Aber insgesamt, so stellt Benediktus Hardorp fest, bleibt

> „die Leistungsseite des wirtschaftlichen Kreislaufes (…) gleich, die Geldseite schwillt an: Wir haben Inflation. Inflation bedeutet (hier): Diejenigen, die sich die Autorität anmaßen, über die Notenpresse (oder auf dem gleichbedeutenden Wege der Kreditschöpfung) Geldzeichen auszugeben, verschaffen sich die Leistungen anderer (ohne deren Einverständnis) und ohne eigene Gegenleistung an die Betroffenen. Die positiv und negativ Betroffenen – sie verfügen über mehr Geld, andere erhalten entsprechende Minderleistungen – sind während des Vorganges in mummenschanzähnlicher Hochstimmung und bemerken nicht, was tatsächlich geschieht. Nicht Mehrproduktion, sondern dem Bewusstsein entzogene Umverteilung ist angesagt."[60]

---

59 Hardorp, Benediktus: Goethe und das Geld. In: Perspektiven. März, Nr. 28. Universität Witten/Herdecke. 1992. S. 38
60 Ebd.

Faust kann sich nach der Einführung des Papiergelds nicht um die weiteren wirtschaftlichen Erfordernisse kümmern. Notwendig wären Investitionen gewesen, um eine Mehrproduktion anzukurbeln, damit sich die Leistungsseite der Geldseite angleichen kann. Es kann nur spekuliert werden, ob Faust als Finanz-/Wirtschaftsminister bei einer solchen Aufgabe erfolgreich gewesen wäre. Er tritt in seiner Ökonomenrolle hier am Hof als Praktiker auf, über ökonomische Theorien hat man ihn im Gegensatz zu Mephisto nicht sprechen hören. Gleichwohl muss er sich mit solchen theoretischen Überlegungen erfolgreich auseinandergesetzt haben, denn bei seinem eigenen späteren Wirtschaftsprojekt, der Neulandgewinnung im fünften Akt, treten nach jahrzehntelanger Aufbauarbeit jedenfalls keine derartigen Missstände und Probleme auf wie im Kaiserreich. Nach der Papiergeldeinführung ist die Wirtschaft kurzzeitig durch die Erhöhung des Konsums in Fahrt gekommen, aber durch die wirtschaftliche Untätigkeit des Kaisers entsteht eine Inflation, die zu einer solchen Finanz- und Wirtschaftskrise führt, dass später im vierten Akt ein Gegenkaiser antritt, um die Misere gewaltsam zu lösen.

Faust bekommt sofort nach der Papiergeldeinführung vom Kaiser eine ganz andere Aufgabe: Er soll ins Unterhaltungsgenre wechseln und Helena und Paris auf die Bühne bringen, was ihm nach dem Gang zu den Müttern auch gelingt. Der Anblick von Helena bringt ihn dazu, die Schönste für sich gewinnen zu wollen, sodass im anschließenden zweiten Akt Faust zunächst nur dieses Ziel verfolgt.

Das Herrschen an der Seite einer Königin

Faust nimmt im dritten Akt mit Mephistos Hilfe die Rolle eines spätmittelalterlichen Burgherrn ein, der Gelehrte wandelt sich zum Herrscher und Eroberer. Helena und ihr Gefolge gelangen nach einem kurzen Aufenthalt vor dem heimatlichen Palast aus Furcht vor Helenas Mann Menelas in Fausts prächtige Burg, die sich in Griechenland befindet. Die Damen haben die Zeit, aber (im Wesentlichen) nicht den Ort gewechselt, während Faust in seiner Zeit lebt, jedoch den Ort gewechselt hat. Faust und Helena kommen sich gleich bei ihrer ersten Begegnung seelisch und körperlich näher, aber Mephisto unterbricht das Ganze. Er meldet, dass Menelas mit einem Heer heranzieht. Faust ist sofort bereit, seinen „Schatz" zu verteidigen: „Nur der verdient die Gunst der Frauen,/Der kräftigst sie zu schützen weiß" (V. 9444f.). Er lässt seine fünf

Heerführer antreten, befördert sie zu Herzögen und gibt den germanischen, gotischen, fränkischen, sächsischen und normannischen Heeren nicht nur den Auftrag, Menelas zurückzuschlagen, sondern gleich noch „die einzelnen Landschaften des Peloponnes"[61] zu erobern. Sein Ziel ist „des Reichs Gewinn" (V. 9465) und die Errichtung einer Monarchie mit ihm und Helena als Regenten. Die Heerführer erhebt er mit folgenden Worten zu Herzögen:

> Herzoge soll ich euch begrüßen,
> Gebietet Spartas Königin;
> Nun legt ihr Berg und Tal zu Füßen,
> Und euer sei des Reichs Gewinn. (V. 9462–65)

Für Dorothea Lohmeyer zeigt sich in dieser Belehnung der eroberten Länder an die fünf Stämme, dass sich die mittelalterlichen und die antiken Völker „zu einer neuen Einheit zusammenschließ[en]: dem in der Idee antiker Humanität geeinten Europa."[62] Faust ist nun der „schöpferische Geist dieser Herrschaftsordnung, in der sich 'Gewalt' mit 'Weisheit' verbunden hat, um der antiken 'Schönheit' ein neues geschichtliches Dasein zu sichern, das heißt: um ein neuzeitliches Reich schönen humanen Lebens zu gründen, wie es in der Antike einmal gelungen war."[63]

Seine Ansprache an die von ihm neu eingesetzten Herzöge beendet er wie folgt:

> Dann wird ein jeder häuslich wohnen,
> Nach außen richten Kraft und Blitz;
> Doch Sparta soll euch überthronen,
> Der Königin verjährter Sitz.
>
> All-einzeln sieht sie euch genießen
> Des Landes, dem kein Wohl gebricht;
> Ihr sucht getrost zu ihren Füßen
> Bestätigung und Recht und Licht. (V. 9474–81)

Zu der Herrschaftsauffassung, die sich in diesen Versen ausspricht, bemerkt Helene Wieruszowski:

---

61 Faust. Anmerkungen. S. 591
62 Lohmeyer, Dorothea: Faust und die Welt. Der zweite Teil der Dichtung. Eine Anleitung zum Lesen des Textes. München. 1977. S. 333
63 Ebd. S. 334

„Nach dieser Skizze des künftigen Staates ist der Monarch nicht absoluter Herrscher; und noch weniger ist er an eine geschriebene Verfassung gebunden. Er beherrscht nicht, er „überthront' nur die Aristokratie, die für ihn kämpft. Aber der verjährte Sitz (gemeint ist Helenas uraltes Anrecht auf den Königsthron in Sparta) legt ihm höhere Rechte und Pflichten auf als diejenigen sie haben, die seinen Thron umgeben. Als patriarchalisches Oberhaupt der Staatsfamilie obliegt ihm Schutz und Bestätigung von Besitz und Rechten, oberstes Urteil und erste Stimme im Rat. Es ist wichtig zu bemerken, dass Goethe hier sein Ideal eines traditionsgestützten Erbkönigtums in eine Staatsgründung hineinverlegt, die ganz und gar auf Usurpation und dem Recht des Eroberers beruht."[64]

Faust stellt sich sein künftiges Königreich so vor, dass dort Wohlstand herrscht („kein Wohl gebricht" (V. 9479)) und dass die Herrschafts- und Besitzverhältnisse wohlgeordnet und gefestigt sind. Sparta als Helenas „alteigener, angestammter Königssitz"[65] ist der Mittelpunkt des Reiches. Aber der Chor Helenas warnt ihn sogleich davor, dass er Helena vor Nebenbuhlern schützen müsse. Zudem betont der Chor in seiner Rede noch, dass sie ihren „Fürsten (…) höher vor andern" (V. 9491f.) „schätz[en]" (V. 9492) und als „gewalt'gen Besitzer" (V. 9501) ansehen. Faust reagiert damit, dass den Herzögen „ein reiches Land" (V. 9507) verliehen wird, mit dem „sie beschützen um die Wette (…) Nichtinsel dich" (V. 9510–12) (mit Nichtinsel ist die Halbinsel des Peloponnes gemeint). Auf diese Weise können Faust und Helena „in der Mitte stand[halten]" (V. 9509) vor äußeren Feinden und insbesondere denen, die Helena begehren. In Helenas Biografie gab es ja eine Vielzahl von Männern, welche die Schönste besitzen wollten; Paris, der sie geraubt und nach Troja entführt hatte, war nur einer unter ihnen.

Nachdem Faust sich anschickt, Herrscher über den ganzen Peloponnes zu werden, versetzt er Helena, den Chor, Phorkyas/Mephisto und sich „zu wonnevollem Bleiben" (V. 9568) nach „Arkadien in Spartas Nachbarschaft" (V. 9569). Arkadien gehört ja inzwischen zu Fausts Herrschaftsgebiet. Es ist „zum Sinnbild heroisch-idyllischer Schönheit, glücklichsten

---

64 Wieruszowski, Helene: Das Mittelalterbild in Goethes „Helena". In: Wisconsin, University of (Hrsg.): Monatshefte für deutschen Unterricht Bd. XXXVI. Madison, Wisconsin. Febr. 1944. S. 80

65 Schöne: Faust-Kommentare. S. 615

Lebens, geworden (…). Arkadien ist ein Bild ‚goldener Zeit', wie es Goethe immer wieder erfreute (…). Wo arkadisches Leben ist, ist goldenes Zeitalter, immer und überall, darum Zeitlosigkeit."[66] Aus der Vereinigung der beiden Liebenden geht Euphorion hervor, der aber schon bald seinem inneren Drang nachgibt, die Grenzen von Arkadien zu sprengen. Die Tatkraft, die er verkörpert und die sich bei ihm in einem Suchen nach Kampf äußert, kann nicht in einer Idylle gefangen sein, sondern braucht die Auseinandersetzung mit der Welt. Er übernimmt sich dabei und stirbt, worauf Helena zu ihm in die Unterwelt und in ihre Zeit zurückkehrt. Somit ist es auch für Faust an der Zeit, aus der Idylle in die reale Welt zurückzukehren.

Faust gibt seine Rolle als vermittelnder Herrscher zwischen Antike und dem Norden auf, das Streben nach einem vergangenen, zu wiederholenden ‚goldenen Zeitalter" ist für ihn bis zu seinem Ende kein Thema mehr. Das Herrschen und der damit zusammenhängende Besitz an materiellen Gütern und Grund und Boden war für Faust kein Selbstzweck, sondern nur ein Mittel, um etwas Höheres zu erreichen: nämlich die Zuwendung der schönsten Frau und ein Reich, welches er nach seinen Vorstellungen gestalten konnte, damit die Schönheit herrschen kann. Diese Herrschaft mit Helena war durch und durch erfolgreich. Faust hat gezeigt, dass er das nötige Handwerkszeug gelernt hat, und so ist er nach seiner Heimkehr im vierten Akt sofort bereit, sein neues Wissen und seine neuen Fähigkeiten umzusetzen.

Landesplanung als neuer Lebensplan

Nach der Begegnung mit Helena im dritten Akt steht Faust am Anfang des vierten Aktes wieder einmal vor einem Neubeginn. In der Szene *Hochgebirg* versucht Mephisto erneut, Faust zu verführen. Er möchte ihm „die Reiche der Welt und ihre Herrlichkeiten"[67] (V. 10131) schmackhaft machen, welche Faust „in ungemeßnen Weiten" (V. 10130) schon gesehen hat: „Doch, ungenügsam, wie du bist, / Empfandest du wohl kein Gelüst?" (V. 10132f.). Es geht Mephisto wieder um das Herrschen, Besitzen und gleichzeitige Genießen. Zunächst bietet er Faust einen Herrscher-Alltag ohne großartige Aufgaben an, in dem man letztendlich für nichts „von Hunderttausenden

---

66 Faust. Anmerkungen. S. 591f.
67 Laut Goethe eine Anspielung auf Matth. 4.

verehrt" (V. 10154) wird. Faust lehnt es rundweg ab. Nun kommt zu dieser Verführung wiederum das Angebot der Lust im Allgemeinen, im Speziellen vor allem aber der erotischen, der Faust an einem „lustigen Ort" (V. 10161) in einem „Schloss zur Lust" (V. 10161) mit „allerschönsten Frauen" (V. 10170) frönen soll:

Dann aber ließ ich allerschönsten Frauen
Vertraut-bequeme Häuslein bauen;
Verbrächte da grenzenlose Zeit
In allerliebst-geselliger Einsamkeit.
Ich sage Fraun; denn ein für allemal
Denk' ich die Schönen im Plural. (V. 10170–75)

Mephisto stellt Faust ein ausschweifendes Leben im Stil gewisser absolutistischer Herrscher in Aussicht, in „allerliebst-geselligem" (V. 10173) Beisammensein mit Mätressen. Fausts Antwort: „Schlecht und modern! Sardanapal!" (V. 10176). Schöne weist darauf hin, dass „nach antiker Legende (…) der Assyrerkönig Sardanapal zurückgezogen und weibisch verweichlicht in maßlosem Luxus und wüsten sexuellen Ausschweifungen"[68] lebte. Es ist Mephistos Zerrbild eines „goldenen Zeitalters", eines Arkadiens, in dem Faust ja tatsächlich vor kurzer „grenzenlose[r] Zeit" (V. 10172) nicht in „allerliebst-geselliger Einsamkeit" (V. 10173), sondern Zweisamkeit mit der „allerschönsten Frau" (V. 10170) lebte. Aber Faust will das Gegenteil: An Vielweiberei dachte er bisher sowieso nie, und bis zu seinem Tod spielen von nun an Beziehungen zu Frauen und sexuelle Lust für ihn keine Rolle mehr – jedenfalls erfährt man im restlichen Drama nichts darüber. Maßlosem Luxus gegenüber war und ist er weiterhin nicht aufgeschlossen, und von Rückzug vom aktiven Wirken in der Gesellschaft will er überhaupt nichts wissen.

Mephisto ist nun mit seinem „Versuchungslatein" hinsichtlich Besitz und Genuss am Ende, Faust bleibt bis zu seinem Tod von dessen Verführungen verschont. Dies wird auch dadurch deutlich, dass das Gold-Motiv (Besitz) im weiteren Verlauf des vierten Akts nur bei der Verteilung der Beute des Gegenkaisers und im fünften Akt, in welchem Faust in fast allen Szenen im Vordergrund steht, überhaupt nicht mehr vorkommt. Das Gier-Motiv (Genuss) auf der anderen Seite taucht im vierten Akt nicht auf und im fünften Akt nur an einer Stelle, wo es Mephisto „begierlich" (V. 11775) wird.

---

68 Schöne: Faust – Kommentare. S. 662

Mephisto kann nun lediglich noch darauf hoffen, dass Faust in seinem Tätigsein eine solche Zufriedenheit findet, dass er von seinem Streben ablässt. Bis dahin kann Mephisto eigentlich nur noch die Funktion erfüllen, Fausts Knecht zu sein. Faust weist also alles, auch die Begierde nach Ruhm, entschieden zurück, er will zwar dezidiert „Herrschaft (…) und Eigentum" (V. 10187), dies aber ausdrücklich, weil „die Tat (…) alles" (V. 10188) sei und er vorhabe, dem Meer Land abzugewinnen. Eine Idee, von der er sehr begeistert ist:

> Zwecklose Kraft unbändiger Elemente!
> Da wagt mein Geist, sich selbst zu überfliegen;
> Hier möcht' ich kämpfen, dies möcht' ich besiegen. (V. 10219–21)

Hier zeigt sich die enge Wesensverwandtschaft zu Euphorion, der deshalb so hoch fliegen wollte, weil er Lust zum Kämpfen hatte. Bei Faust ist es aber keine Selbstüberschätzung, wenngleich die Aufgabe große, jahrzehntelange Kraftanstrengung erfordern wird. Es kommt bei ihm noch ein zweites, für ihn typisches Motiv hinzu, der Genuss: „Erlange dir das köstliche Genießen, / Das herrische Meer vom Ufer auszuschließen" (V. 10228f.). Um dorthin zu gelangen, ist zielvolles Handeln notwendig: „Von Schritt zu Schritt wußt' ich mir's zu erörtern" (V. 10233).

Zu Fausts Wunsch-Befehl, „Das ist mein Wunsch, den wage zu befördern!" (V. 10233), meint Mephisto nur lakonisch: „Wie leicht ist das!" (V. 10234). Wenngleich er Faust als Knecht helfen muss, hat er überhaupt kein Verständnis für dessen Pläne, die Wolfgang Heise wie folgt charakterisiert: „Nicht der Genuss eines Vorhandenen, sondern der Genuss im Schaffen eines Noch-Nicht-Vorhandenen, im Gewinnen eines neuen, dem Meer, der Natur abgerungenen, erarbeiteten Reiches – das eben ist das Große, das Faust reizt. Hier sucht er den Selbstgenuss seiner Kräfte."[69] Auch Karl Eibl legt Wert auf das Prozessuale des Faustschen Herrschaftsbegriffs: „Auf dieses *Gewinnen* von Herrschaft, von Eigentum kommt es an. Es geht nicht um einen juristischen Eigentumsbegriff, oder dieser ist nur sekundär. Primär geht es um die ›eigene‹ Prägung der Welt, das Sich-Aneignen von Welt. Deshalb ist auch Herrschaft nicht einfach Regierung oder Befehlsgewalt, sondern die

---

69 Heise, Wolfgang: Der »Faust« des alten Goethe – »Herrschaft gewinn' ich, Eigentum!«. In: Bock, Helmut (Hrsg.): Unzeit des Biedermeiers. Leipzig. Jena. Berlin. 1985. S. 54

Fähigkeit, Wirklichkeitsbereiche so zu kontrollieren, dass sie als Teil des ›Eigenen‹ funktionieren.«[70] Dazu ist zu sagen, dass Faust es im dritten Akt gelernt hat, mit Erfolg zu herrschen – für einen Gelehrten nichts Selbstverständliches. Herrschaft braucht er weiterhin, um seine Landgewinnungspläne zu verwirklichen. Das Entscheidende ist dabei, dass er nun noch weitere neue Betätigungsfelder betritt, nämlich Landesplanung und Unternehmertum. Denn nur mit ihrer Hilfe ist daran zu denken, dem Meer Land abzutrotzen. Die weitere Handlung bis zu Fausts Tod im fünften Akt wird dadurch bestimmt werden.

Auf die Idee der Landgewinnung ist Faust während des Fluges auf einer Wolke von Arkadien ins Hochgebirge gekommen.

---

70 Eibl, Karl: Das monumentale Ich – Wege zu Goethes ›Faust‹. Frankfurt am Main und Leipzig. 2000. S. 286

Die ökonomische Kontrastfigur

Die Umsetzung des neuen Lebensplans wird unmittelbar von Mephisto in Gang gesetzt. „Trommeln und kriegerische Musik"[71] weisen auf eine bevorstehende Schlacht hin. Durch wirtschaftliche Untätigkeit des Kaisers, dem von den beiden mit der Einführung des Papiergelds laut Mephisto „falscher Reichtum in die Hände" (V. 10245) gespielt worden war, der aber die damit verbundene ökonomische Chance nicht nutzen konnte, ist das Vertrauen in die neue Währung durch die einsetzende, zu hohe Inflation bald schon wieder zerstört worden, die Wirtschaft gerät in eine erneute Krise, das Reich in „Anarchie" (V. 10261). Der Kaiser hat weiterhin vorrangig nur an sein Vergnügen gedacht, anstatt energisch und sinnvoll zu regieren, was an dieser Stelle beide, Faust und Mephisto, heftig kritisieren:

MEPHISTO.
Denn jung ward ihm der Thron zuteil,
Und ihm beliebt' es, falsch zu schließen,
Es könne wohl zusammengehn
Und sei recht wünschenswert und schön:
Regieren und zugleich genießen.
FAUST.
Ein großer Irrtum. Wer befehlen soll,
Muß im Befehlen Seligkeit empfinden.
Ihm ist die Brust von hohem Willen voll,
Doch was er will, es darf's kein Mensch ergründen.
Was er den Treusten in das Ohr geraunt,
Es ist getan, und alle Welt erstaunt.
So wird er stets der Allerhöchste sein,
Der Würdigste –; Genießen macht gemein.
MEPHISTO.
So ist er nicht. Er selbst genoß, und wie!
Indes zerfiel das Reich in Anarchie (V. 10247–53)

Es ist auffällig, wie oft hier Faust und Mephisto den Begriff des Genießens verwenden, Mephisto sogar gleich zwei Mal. Dabei erstaunt, wie sehr selbst Mephisto das Genießen in einen kritischen Kontext stellt, war er doch bisher

---

71 Faust. Regieanweisung. S. 309

immer der Vertreter des bedingungslosen und exzessiven Genießens – jedenfalls in „Faust I", dort verwendet er den Begriff fünfmal. Im ganzen „Faust II" verwendet er ihn nur an dieser Stelle. In „Faust I" fordert er Faust zum Genießen auf, in „Faust II" scheint Mephisto begriffen zu haben, was Genuss für Faust bedeutet. Das geht offenbar sogar so weit, dass er dessen Auffassung inzwischen teilt. Es zeigt jedenfalls sehr deutlich, dass Mephisto alle direkten Verführungstaktiken diesbezüglich aufgegeben hat.

Das Gegenbild zu Faust, der im dritten Akt das Herrschen gelernt und erfolgreich ausgeführt hat, stellt der Kaiser dar, der laut Mephisto „regieren und zugleich genießen" (V. 10251) will. Schon in seinen „Maximen und Reflexionen" führt Goethe diesen Zusammenhang aus: „Herrschen und genießen geht nicht zusammen. Genießen heißt, sich und andern in Fröhlichkeit angehören; herrschen heißt, sich und anderen im ernstlichsten Sinne wohlthätig sein."[72] Der Kaiser scheitert, weil er beides will. Faust lehnt dies Ansinnen kategorisch ab: „Ein großer Irrtum. Wer befehlen soll, / Muß im Befehlen Seligkeit empfinden" (V. 10253f.) und „Genießen macht gemein" (V. 10259).

Gleichwohl unterstützt Faust den Kaiser, wo er kann, und dass er für ihn Sympathie empfindet, beruht nach Requadt „auf der Ähnlichkeit von Strebungen und Geschick; dieser ist ihm kompositorisch zugeordnet im Zug zum Urphänomen (das Faust ja selbst zur Anschauung bringt), im Ringen um die reine Tat, im Verzicht auf die mephistophelische Magie und in seiner Staatsgründung."[73] Der Kaiser ist im Grunde ein Vorbild für das Herrschen, aber Faust erkennt dessen Fehler und möchte diese nicht übernehmen. In der „großen Welt" sinnvoll tätig zu sein, dazu gehören für Faust Macht und Besitz, aber es zeigt sich immer wieder, dass er diese nicht wegen des Genusses anstrebt, sondern um der reinen Tätigkeit willen.

Aufgrund der entstandenen Missstände wagt ein Gegenkaiser die Revolution, eine Entscheidungsschlacht steht bevor. Faust schlägt sich auf die Seite des Kaisers („Er jammert mich; er war so gut und offen" (V. 10291)), und

---

72 Goethe, Johann W.: Maximen und Reflexionen. Frankfurt am Main. 1976. S. 173 (Nr. 966)

73 Requadt, Paul: Die Figur des Kaisers im »Faust II«. In: Martini, Fritz / Müller-Seidel, Walter / Zeller, Bernhard (Hrsg.): Jahrbuch der deutschen Schillergesellschaft. 8. Jahrgang. Stuttgart. 1964. S. 170

Mephisto weckt die Erwartung, dass Faust durch Hilfe in der Schlacht vom Kaiser als Dank ein „Lehn von grenzenlosem Strande" (V. 10306) erwarten könne. Damit wäre die Voraussetzung geschaffen, unter der Faust seine neuen Pläne realisieren könnte.

Der Unternehmer und sein Werk

Der fünfte Akt setzt nach einem gewaltigen Zeitsprung ein. Faust befindet sich „im höchsten Alter"[74], er ist hundert Jahre alt geworden. Er hat in den vergangenen vier bis fünf Jahrzehnten[75] dem Meer eine offenbar große Fläche an Land abgetrotzt und dadurch „dichtgedrängt bewohnten Raum" (V. 11106) ermöglicht, den er als „Hochbesitz" (V. 11156) und später sogar als „Weltbesitz" (V. 11242) bezeichnet. Er ist, wie es die grauen Weiber in der Szene *Mitternacht* äußern, ein „Reicher" (V. 11387) geworden. Faust hat eine erstaunliche Karriere hinter sich: vom Gelehrten ohne „Gut noch Geld" (V. 374) zum „Vollblutherrscher und -besitzer" – oder, wie Hans Christoph Binswanger in seinem Buch „Die Glaubensgemeinschaft der Ökonomen" herleitet, zum „Herrschaftseigentümer":

> „Eine weitere Voraussetzung des faustischen Plans ist die Institutionalisierung eines absoluten, vollständig dem ökonomischen Willen untergeordneten Eigentumsrechts. Dieses ist von Napoleon, den Goethe, wie aus Äußerungen hervorgeht, als den eigentlichen Promotor der modernen Zeit angesehen hat, eingeführt worden. In Art. 544 des »Code Napoleon« heißt es: »Das Eigentum ist das unbeschränkte Recht zur Nutzung und Verfügung über die Dinge«. Der »Code Napoleon« wurde in der Folge das Vorbild für alle bürgerlichen Gesetzbücher in der ganzen Welt. Dieses neue Eigentumsrecht unterscheidet sich fundamental von den ursprünglichen Eigentumskonzeptionen, die in irgendeiner Form auf der Idee des »patrimoniums«, d. h. der Pflicht zur Pflege des vom Vater Geerbten und an die Kinder zu Vererbenden aufbauen.

---

74 Faust. Regieanweisung. S. 336

75 Hier handelt es sich um eine persönliche, nicht belegbare Schätzung. Faust ist vermutlich zu Beginn von „Faust I" fünfzig Jahre alt. Nach der Verjüngung könnte er zwanzig sein. Daran anschließend gibt es zwei Altersrechnungsvarianten:
  1.) Rechnet man die Verjüngung nicht auf Fausts wahres Alter an, vergehen fünfzig Jahre, bis er hundert ist.
  2.) Rechnet man die Verjüngung auf Fausts wahres Alter an, dann sieht er wie ein Hundertjähriger aus, ist aber einhundertdreißig Jahre alt.
  Die Ereignisse von Beginn des „Faust I" bis zum Ende des vierten Akts sind in der Zeitdauer unbestimmt, es mögen einige Jahre sein, sicher kein ganzes Jahrzehnt. Somit wären bei der ersten Variante vierzig bis fünfzig Jahre vergangen, bei der zweiten siebzig bis achtzig. Der Verfasser hält die erste Variante für wahrscheinlicher.

Der Ursprung des neuen Eigentumsbegriffs ist demgegenüber der römisch-rechtliche Begriff des »dominiums«, das vom Wort »dominus« (= Herr) abgeleitet ist, und dem jeweiligen Eigentümer den absoluten Herrschaftsanspruch verbürgt, wie er in Art. 544 des »Code Napoleon« beschrieben wird. Genau diesen Herrschaftsanspruch kündigt Faust an, als er im vierten Akt ultimativ von Mephistopheles fordert:

Herrschaft gewinn ich, Eigentum.

Das heißt nicht »Herrschaft und Eigentum«, sondern »Herrschaftseigentum« im Sinne von »dominium«. Aufgrund dieses neuen Eigentumsrechts nimmt Faust den vom Kaiser abgetretenen Küstenstreifen in Besitz und gestaltet ihn nach seinem eigenen Gutdünken um, ohne irgendjemand Rechenschaft schuldig zu sein. Es ist das Eigentumsrecht, das die Basis der ganzen Wirtschaftsentwicklung des 19. und 20. Jahrhunderts geworden ist."[76]

Die von Binswanger angeführte Stelle „Herrschaft gewinn ich, Eigentum" (V. 10187) ist die einzige Stelle im ganzen „Faust", an der der Begriff Eigentum vorkommt. Im Gegensatz dazu taucht das Leitmotiv Besitz an einunddreißig Stellen auf. Dieser erhebliche Unterschied macht deutlich, dass Goethe in der Faustdichtung den Begriff Besitz in der zu seinen Lebzeiten geläufigen Bedeutung verwendet, aber im vierten Akt an einer wichtigen Stelle den neuen Eigentumsbegriff im Sinne des »Code Napoleon« aufgreift, welcher eigentlich auch besser zu der Situation im fünften Akt passt. Faust selbst verwendet ihn allerdings nicht mehr im fünften Akt, dafür aber zweimal Besitz („Hochbesitz" (V. 11156) und „Weltbesitz" (V. 11242)).[77] In beiden Fällen implizieren die ungewöhnlichen Komposita die Nähe von Besitz und Herrschaft, sodass im Sinne von Binswanger das „»Herrschaftseigentum« als »dominium«"[78] durchleuchtet.

Faust hat den Höhepunkt des Herrschens und Besitzens und damit des Reichtums im doppelten Sinn von Vermögen erlangt. Da weder der Kaiser noch die Kirche Einfluss auf ihn ausüben – jedenfalls ist von beiden keine Rede mehr[79] –, kann er in seinem Machtbereich wie ein „Quasi-Kaiser"

---

76 Binswanger, Hans Christoph: Die Glaubensgemeinschaft der Ökonomen. München. 1998. S. 75
77 Aus diesem Grund verwendet der Verfasser weiterhin den Begriff Besitz.
78 Ebd.
79 Philemon erwähnt ihn („Kann der Kaiser sich versünd'gen, / Der das Ufer ihm verliehn?" (V. 11115f.)), aber die Frage bezieht sich auf eine vor Jahrzehnten erfolgte Handlung des Kaisers.

agieren. Seine Art der Herrschaft gleicht dabei in hohem Maße einem Unternehmertum. Das liegt daran, dass er sich sehr stark um die wirtschaftlichen Angelegenheiten kümmert. Interessant ist an dieser Stelle auch der vergleichende Blick auf ein historisches Unternehmertum. Die Hudson's Bay Company wurde 1670 als ein Unternehmen gegründet, das mit einem Privileg des Königs von England, Schottland und Irland ausgestattet wurde. Sie herrschte sehr lange wie eine Regierung über weite Teile des heutigen Kanada und kontrollierte den Pelzhandel. Die Besiedlung des Landes erfolgte dabei nach eigenen Vorstellungen der Firmenleitung. Herrschaft, Besitz und Unternehmertum waren hier ebenso wie im fünften Akt von „Faust II" miteinander verschmolzen.

Während Faust selbst sich vor Ort um alles kümmert, schickt er, um Einnahmen zu generieren, Mephisto mit Schiffen los. Jener ist jedoch nicht nur zu Handelszwecken unterwegs, sondern verlegt sich mehr auf das „lohnendere" Geschäft der Piraterie, wobei Faust ihn sicherlich nicht losgeschickt hat, um auf diese Weise zu dem benötigten Kapital zu gelangen. Ihm geht es bei dieser Versendung von Schiffen nicht darum, in Übersee Kolonien zu erwerben. Selbst Mephistos Frage: „Mußt du nicht längst kolonisieren?" (V. 11275) zielt nicht darauf ab, ihn dazu zu ermuntern. Diese Stelle wird gelegentlich falsch aufgefasst, denn Mephisto bezieht das „Kolonisieren" nur auf die Zwangsumsiedlung von Philemon und Baucis. Zudem war Faust bisher mit der Neulandgewinnung, die nun abgeschlossen ist, vollauf beschäftigt. Im ganzen fünften Akt spricht er ausschließlich von diesem seinem Projekt und von seinem künftigen Vorhaben und nicht ein einziges Mal von einer Kolonisation in Übersee. Wenn dieses für Goethe ein Thema im „Faust" gewesen wäre, hätte er es viel deutlicher hervorgehoben. Im „Wilhelm Meister" zum Beispiel war es ihm wichtig, dort hat er die Erschließung Nordamerikas in die Romanhandlung einbezogen.

Die Darstellung von Mephistos Unternehmungen auf dem Meer stellt sicherlich eine Kritik Goethes an gewissen wirtschaftlichen Praktiken dar. Für Mephisto gehören hinsichtlich der Schifffahrt „Krieg, Handel und Piraterie" (V. 11187) zusammen, das ist seine Auffassung der wirtschaftlichen „Nutzung" des Meeres. Dabei ist er sehr erfolgreich, „nur mit zwei Schiffen ging es fort, / Mit zwanzig sind wir nun im Port" (V. 11173f.) – eine gewaltige „Gewinnspanne"! Die Einsetzung von Gewalt zur leistungslosen Gewinnung von Vermögen ist für ihn natürlich legitim: „Man hat Gewalt, so hat man

Recht" (V. 11184).[80] Ganz offensichtlich heiligt hier der Zweck die Mittel, „man fragt ums W a s, und nicht ums W i e" (V. 11185). Es handelt sich hierbei um das Gegenbild zur Homunculus-Auffassung „Das W a s bedenke, mehr bedenke W i e" (V. 6992). Es ist eine mephistophelische Anschauung, dass der Stärkere die „Wirtschafts"-Regeln bestimmt: „das freie Meer befreit den Geist" (V. 11177). Der Geist, durch Regulierungen innerhalb eines Staates normalerweise eingeschränkt, kann in der rechtsfreien Zone frei wirtschaften, es entsteht das Ur-Bild einer „freien (Markt-?)Wirtschaft."[81]

Bei seinen „wirtschaftlichen" Aktivitäten wird Mephisto von den „drei gewaltigen Gesellen"[82], den drei Gewaltigen aus dem vierten Akt, tatkräftig unterstützt. Nicht nur im Krieg, sondern auch in der Wirtschaft kann man aggressive Tatkräfte offenbar gut gebrauchen, wenn man reich werden will. Raufebold, der gnadenlose Kämpfer, besiegt den Gegner/Konkurrenten mit allen Mitteln, Habebald nimmt sich ohne Skrupel dessen Besitz/Marktanteile und Haltefest gibt davon nichts mehr her. Es drängt sich das Bild dieser drei als Allegorie für den rücksichtslosen Kapitalisten in der freien Marktwirtschaft auf.

Wie geht der Unternehmer Faust mit seinem erworbenen Besitz um, und wie verhält er sich gegenüber seinen Untertanen? Bei seinem ersten Auftreten im fünften Akt wird ersichtlich, dass ihm wie Homunculus am Anfang des zweiten Akts, bevor dieser sein „Stückchen Welt durchwand[ert]" (V. 6993) hat, sozusagen nur noch das „Tüpfchen auf [dem] i" (V. 6994) fehlt, nachdem er „durch die Welt gerannt" (V. 11433) ist. Faust möchte nun nicht nur von seinem Palast aus, sondern von der höchsten Stelle in der Nähe diesen seinen „Weltbesitz" (V. 11242) überschauen. Auf der besagten Anhöhe, einer Düne, lebt ein altes Ehepaar, Philemon und Baucis, in einer Hütte. Diese weigern sich beharrlich, ihren Lebensmittelpunkt aufzugeben. Die

---

80 Knortz/Laudenberg übertreiben, wenn sie in dieser Ausschließlichkeit behaupten, dass „Fausts Reichtum, sein Wirtschaftsprinzip auf Gewalt gründet" (Knortz, Heike/Laudenberg, Beate: Goethe, der Merkantilismus und die Inflation. Berlin. 2014. S. 147). Es heißt laut Mephisto „Krieg, Handel und Piraterie" (V. 11187), selbst bei ihm spielt der Handel (ohne Gewalt) eine Rolle. Außerdem entstand das Neuland und entwickelte sich die Wirtschaft nicht ausschließlich durch Gewalt, sonst würde Philemon das neu gewonnene Land nicht so positiv beschreiben.

81 Hardorp. Goethe und das Geld. S. 38

82 Faust. Regieanweisung. S. 337

beiden hatten früher mit Hilfe der „Flammen raschen Feuers" (V. 11071) sowie des „Glöckchens Silberlaut" (V. 11072) ihrer Kapelle den Seefahrern in Not visuelle und akustische Orientierung ermöglicht. Nach der Landgewinnung ist das Meer zu weit weg von ihrer Düne, sodass das Glöckchen nur noch religiösen (Philemon: „Laßt uns läuten, knien, beten" (V. 11141)) und nicht mehr weltlichen Zwecken dient. Für Faust hat das nach seiner Ansicht heruntergekommene nachbarschaftliche Anwesen durch den Verlust seiner ehemaligen Leuchtturmfunktion den eigentlichen Berechtigungszweck verloren und stellt im Grunde nur eine inzwischen visuelle („braune Baute, / Das morsche Kirchlein" (V. 11157f.)) und akustische „Verschmutzung" seiner Lebensumwelt dar. Er fühlt sich insbesondere von dem Läuten sehr gestört. Immerhin hat er das Angelusläuten, um das es sich hier offenbar handelt und das traditionsgemäß dreimal am Tag stattfindet, als direkter Nachbar jahrzehntelang erduldet. Den beiden Bewohnern hat er aus den genannten Gründen laut Philemon schon vor Längerem „ein schönes Gut im neuen Land" (V. 11136) angeboten bzw. sie zu dem Ortswechsel gedrängt, aber Baucis traut „dem Wasserboden" (V. 11137), dem meerentrungenen Neuland, nicht, und so bleiben die beiden in Fausts nächstem Umfeld.

Hier ist eine Lebensweise dargestellt, die nicht in Fausts neue Welt passt, weil sie auf einer alten, offenbar weitgehend auf Subsistenz ausgelegten Wirtschaftsweise basiert und gleichzeitig in ihrer Menschlichkeit etwas Besonderes ausstrahlt: „An seelischem Rang, durch Frömmigkeit und tätige Gastfreundschaft unterscheiden sich Philemon und Baucis von allen übrigen Menschen. Die bescheidene Welt, in der sie wohnen, ihre Hütte, ihre Kapelle, die ehrwürdigen Linden, alles bekommt den Charakter eines heiligen Bezirks, eines Temenos."[83] Die beiden „repräsentieren noch eine vormoderne, von Pietät gegenüber dem Überlieferten geprägte Lebensform, die schon als solche dem auf rastlosen Fortschritt bedachten Unternehmer Faust ein Dorn im Auge ist."[84]

---

83 Mommsen: ›Faust II‹ als politisches Vermächtnis. S. 32

84 Borchmeyer, Dieter: Welthandel – Weltfrömmigkeit – Weltliteratur – Goethes Alters-Futurismus. Version: 28.04.2004 www.goethezeitportal.de/fileadmin/PDF/db/wiss/goethe/borchmeyer_weltliteratur.pdf vom 28.04.2004 (Abruf 19.05.2016)

Faust verliert nach diesen vielen Jahren plötzlich jegliche Geduld, er „ermüdet (…), gerecht zu sein" (V. 11272) und entschließt sich zur Zwangsumsiedlung der beiden Alten. Er beauftragt Mephisto, sie „zur Seite" (V. 11275) zu „schaffen" (V. 11275), was dieser auf seine Weise ausführt. Er nimmt die drei gewaltigen Gesellen mit. Das gewaltvolle „Wegräumen" (vgl. V. 11361) von Philemon und Baucis führt jedoch zum Tod der beiden, der Wandrer, der gerade zu Besuch ist, leistet Widerstand und fällt im Kampf. Faust bedauert diese Tat, die nicht in seiner Absicht lag: „Tausch wollt' ich, wollte keinen Raub" (V. 11371), aber wieder einmal hat Mephisto Fausts Wollen korrumpiert. Für Mommsen demonstriert hier Goethe „an seinem späten Faust (…) die Auswirkung falscher Tendenzen beim staatspolitischen Wirken, das Handeln aus verkehrten Ambitionen und mit verkehrten Mitteln. Dadurch lässt er den maßlos Begehrenden in allertiefste Schuld geraten."[85] Im Fall des Umgangs mit Philemon und Baucis ist dies mit der Einschränkung der Fall, dass Faust Mephisto nicht die Ermordung der beiden befohlen hat. Auf jeden Fall aber hat hier Faust als Herrscher ohne Rücksicht auf andere seinen Willen durchgesetzt und die Ausübung von Gewalt billigend in Kauf genommen. Zudem hat er gar nicht den Mord oder Totschlag bedauert, sondern den „Raub" (V. 11371).

Gerade in diesem Moment, nachdem Fausts Herrschaft und Besitztum in seinen Augen auf „alles" ausgedehnt ist („Weltbesitz" (V. 11242)), weil er nun gleichsam „das Tüpfchen auf [dem] i" (V. 6994) besitzt, treten „vier graue Weiber auf."[86] Drei von ihnen, der *Mangel*, die *Schuld* und die *Not* kommen nicht durch die Tür ins Innere, denn „drin wohnet ein Reicher, wir mögen nicht 'nein" (V. 11387). Es ist die Frage, welche Art von Reichtum hier gemeint ist. Ist von materiellem Besitz die Rede und auch *Schuld* nur mit Geldschulden gleichgesetzt, dann wäre es verständlich, dass der Reiche nur noch für die *Sorge* ein willkommener Kandidat wäre. Sind die vier Allegorien aber allgemeiner gefasst und dadurch *Schuld* auch moralisch, entsteht das interpretatorische Problem, wieso Reichtum davor schützen könne. Gerhard Kaiser hat darauf hingewiesen, dass Faust „ein Reicher, ein Lebensvoller"[87]

---

85 Mommsen: ›Faust II‹ als politisches Vermächtnis. S. 34f.
86 Faust. Regieanweisung. S. 343
87 Kaiser, Gerhard: Ist der Mensch zu retten? – Vision und Kritik der Moderne in Goethes »Faust«. Freiburg im Breisgau. 1994. S. 56

sei, d. h. dass der Reichtum ihn dazu befähigt zu handeln. „Allem menschlichem Handeln wohnt Schuld inne, weil es uns unabsehbar in das Handeln anderer verflicht und in ihre Lebenssphäre eingreift. Wer sich daraus immer und überall ein Gewissen macht, darf nicht handeln; er muss sich auf Betrachtung des Lebens beschränken."[88] Durch sein Streben nicht nur in der „kleinen Welt" in „Faust I", sondern auch in der „großen Welt" in „Faust II" will und muss Faust, was ja auch der Kern seiner Wette mit Mephisto ist, stets handeln, und „je energischer einer ausgreift, je weiter der Gestaltungswille reicht, umso mehr droht Schuld. Eine große, strebende, geschichtsmächtige Existenz ist auch großen Versuchungen, Schuldmöglichkeiten, Irrtümern ausgesetzt."[89] Deshalb ist für Kaiser Faust – wie gesagt – „ein Reicher, ein Lebensvoller, eine laut Goethe »Entelechie mächtiger Art«, an dem die isolierte Schuldfrage des Moralisten abprallt."[90] Dass demnach ausgerechnet direkt nach der Auslöschung von Philemon, Baucis und dem Wandrer keine moralische Schuld auf Faust lasten soll, bleibt ein Deutungsproblem dieser Stelle.

Nur die *Sorge* hat noch Zugang zu Faust, und sie spricht u. a. Folgendes zu ihm:

> Wen ich einmal mir besitze,
> Dem ist alle Welt nichts nütze;
> Ewiges Düstre steigt herunter,
> Sonne geht nicht auf noch unter,
> Bei vollkommnen äußern Sinnen
> Wohnen Finsternisse drinnen,
> Und er weiß von allen Schätzen
> Sich nicht in Besitz zu setzen. (V. 11453–60)

Nach dem Herrn im *Prolog im Himmel* ist die *Sorge* das zweite Wesen im „Faust", das davon spricht, Faust zu besitzen. Er hat sie nach eigener Aussage bisher „nie gekannt" (V. 11432), ist „nur durch die Welt gerannt" (V. 11433), doch nun „[be]schleicht" (V. 11391) sie ihn und kündigt ihm innere „Finsternisse" (V. 11458) und den Verlust „von allen Schätzen" (V. 11459) an. In dieser Situation, in der Faust auf dem Höhepunkt seines Welt-Wirkens angelangt ist, droht der Rückzug in sich selbst, falls die *Sorge* siegt. Doch

---

88 Ebd. S. 55f.
89 Ebd. S. 56
90 Ebd. S. 56f.

Faust widersetzt sich ihr, sie lässt ihn daraufhin erblinden, sodass die äußere Sinneswelt verdunkelt wird. Faust entdeckt nun aber statt der angekündigten inneren Finsternisse ein „leuchtend helles Licht" (V. 11500), und ganz entgegen den Erwartungen der *Sorge*, dass er sich künftig nicht mehr „von allen Schätzen/(...) in Besitz" (V. 11460f.) wird setzen können, erfährt er neuen Tatendrang: Er hegt Pläne, große Sümpfe trocken zu legen, um Land für „Millionen" (V. 11363) zu gewinnen. Es ist der Aufbruch zur erneuten Klimax, ein innerer Neuanfang, auf den ein äußerer folgen soll. Es geht um ein neues, großes Neulandprojekt und dafür braucht Faust viele Arbeitskräfte: „Daß sich das größte Werk vollende,/Genügt e i n Geist für tausend Hände" (V. 11509f.). Mit diesen Worten knüpft Faust an den Gedanken des Besitzens menschlicher Arbeitskraft an (vgl. die sechs „mephistotelischen" Hengste[91]), und in diesem Sinn gibt er Mephisto den Auftrag:

Wie es auch möglich sei,
Arbeiter schaffe Meng' auf Menge,
Ermuntere durch Genuß und Strenge,
Bezahle, locke, presse bei! (V. 11551–54)

Man kann sich vorstellen, wie gewaltvoll Mephisto diesen bereits Gewalt mit einrechnenden Auftrag („presse bei!" (V. 11554)) auslegen wird. Thomas Metscher hat darauf hingewiesen, dass „hier ein grundlegendes Leitmotiv der gesamten Faust-Dichtung (...), der *Komplex produktiver Tätigkeit* zu einem gewissen Abschluss gebracht wird. 'Produktive Tätigkeit' wird jetzt aufgefasst im Sinne eines Kulturbildungsprozesses auf der Basis der materiellen Produktion, wobei dieser Prozess in der Perspektive bestimmter Produktionsverhältnisse erscheint, die sich in der Teilung von Handarbeit und Kopfarbeit ausdrückt. Beteiligt an dem Produktionsprozess sind besitzende Herren und besitzlose Knechte."[92] Metscher zufolge führt „Goethes Darstellung der Epochen der bürgerlichen Gesellschaft [im „Faust"] bis zu dem Punkt, an dem die Klasse der Lohnarbeiter als neue welthistorische Kraft innerhalb der bürgerlichen Gesellschaft sichtbar wird. (...) Als Masse 'Arbeiterheer' (...)

---

91 Vgl. Kapitel „Besitz als Handlungspotenzial" S. 19ff.
92 Metscher, Thomas: Faust und die Ökonomie. Ein literaturhistorischer Essay. In: Haug, Wolfgang F. (Hrsg.): Vom Faustus bis Karl Valentin. Der Bürger in Geschichte und Literatur. Das Argument Bd. AS3. Berlin. 1976. S. 85f. Es handelt sich hierbei um eine marxistische Deutung der Ökonomie im „Faust".

taucht im Faust die Arbeiterklasse erst im fünften Akt auf, ihre welthistorische Mission bleibt dunkel angedeutet."[93]

Richard Meier stellt in seinem Fazit über den „Faust" viel stärker die Schattenseiten von Fausts Vorgehensweise in den Vordergrund. Er ist der Meinung, dass „die Domestizierung und Disziplinierung als totale und zerstörerische Bezwingung von Natur und Mensch vorgeführt [werden]. Die zur Denaturierung führende Naturbändigung ist mit einer dehumanisierenden Verfügung über Menschen gekoppelt."[94] Für Harro Segeberg ist Faust ein „bis ans Ende Arbeitskräfte hemmungslos verschleißender (…) Kolonisator"[95], der dadurch „eine produktive Ziele nur noch mittelbar verfolgende Vernichtung von Mensch und Natur durch Arbeit"[96] betreibt. Er begründet seine These damit, dass der Auftrag am Schluss, Entwässerungsgräben auszuheben, sich ausschließlich „auf die technisch effizient organisierte Ausnützung menschlich-*animalischer* Arbeitsmittel stützen müsste"[97], ohne Zuhilfenahme von Magie („E i n Geist für tausend Hände" (V. 11510)). Letztendlich beendet für Segeberg „der Held dieses Dramas seine Welt- und Epochenreise mit einer sehr spezifischen letzten und ‚höchsten' Form von technisch-naturwissenschaftlicher Verblendung."[98] Gestützt wird diese Argumentation durch den Hinweis auf eine grundsätzliche Verfehlung der Landgewinnungsmaßnahmen der damaligen Zeit, da in dem tiefer liegenden Land hinter den Deichen Versumpfungen „als Resultat allzu forcierter Kanalisierung"[99] in „riesigen stillstehenden Kanalgewässern"[100] entstehen konnten. Dies sei – wieder konkret auf Fausts Landgewinnung bezogen – die Folge „einer nicht defensiv gezähmten, sondern offensiv bekriegten Natur."[101]

---

93   Ebd. S. 106
94   Meier, Richard: Gesellschaftliche Modernisierung in Goethes Alterswerken »Wilhelm Meisters Wanderjahre« und »Faust II«. Freiburg im Breisgau. 2002. S. 237
95   Segeberg, Harro: Diagnose und Prognose des technischen Zeitalters im Schlussakt von „Faust II". In: Keller, Werner (Hrsg.): Goethejahrbuch. Bd. 114. Weimar. 1998. S. 70
96   Ebd.
97   Ebd.
98   Ebd. S. 72
99   Ebd. S. 73
100 Ebd.
101 Ebd.

Wenngleich es im fünften Akt Tendenzen geben mag, welche diese Ansichten stützen könnten, führt eine genaue geographische Analyse der Landgewinnungssituation, wie sie später in dieser Studie dargestellt wird, zu einem gänzlich anderen Ergebnis, sodass die hier geäußerte Kritik von Meier und Segeberg als nicht berechtigt aufgefasst wird. Vor dem zeitgeschichtlichen Hintergrund der Goethezeit kann bei Neulandgewinnung in keiner Weise mit negativer Konnotation von einer „zerstörerischen Bezwingung von Natur"[102] bzw. von „Denaturierung"[103] gesprochen werden. Die damaligen Menschen dachten über das Meer so wie Faust in der Szene *Hochgebirg*, es herrschte Einmütigkeit über die „zwecklose Kraft unbändiger Elemente" (V. 10219), sodass man sie ohne einen ökologischen Gedanken zu verschwenden „vom Ufer auszuschließen" (V. 10229) trachtete. Dass die Arbeit in diesem Bereich negative Folgen für die Betroffenen haben konnte, ist dagegen unbestritten. Auch hinsichtlich der Art, wie Menschen zu diesen Tätigkeiten gebracht wurden, muss man im Sinn von Meier von einer „dehumanisierenden Verfügung"[104] sprechen. Segebergs Ansicht, Faust betreibe die „Vernichtung von Mensch und Natur"[105], ist hingegen überzogen, während jedoch insgesamt die Kritik an der Art, wie Faust am Ende seines Lebens herrscht, berechtigt erscheint.

Auch früher schon war der Herrscher Faust bei den notwendigen Arbeiten zur Landgewinnung nicht zimperlich, wie Baucis zu Beginn des fünften Akts berichtet:

> Tags umsonst die Knechte lärmten,
> Hack' und Schaufel, Schlag um Schlag;
> Wo die Flämmchen nächtig schwärmten,
> Stand ein Damm den andern Tag.
> Menschenopfer mußten bluten,
> Nachts erscholl des Jammers Qual;
> Meerab flossen Feuergluten,
> Morgens war es ein Kanal. (V. 11123–30)

---

102 Meier: Gesellschaftliche Modernisierung in Goethes Alterswerken. S. 237
103 Ebd.
104 Ebd.
105 Segeberg: Diagnose und Prognose des technischen Zeitalters im Schlussakt von „Faust II". S. 70

Dass „Menschenopfer (…) bluten" (V. 11127) mussten, war zur Lebenszeit Goethes bei ähnlichen Projekten mit enormen Erdmassenbewegungen wie z. B. dem Kanalbau ohne die Möglichkeit der Zuhilfenahme von Maschinen an der Tagesordnung. Dazu ein Beispiel: Es wird überliefert, dass der für Friedrich den Großen „36 km lange Kanal zwischen Warthe und Netze, mit Arbeitermassen aus ganz Deutschland binnen 16 Monaten fertiggestellt, 1500 Menschen das Leben kostete."[106]

Aus welchem Grund die Knechte tagsüber für Faust „umsonst" (V. 11123) arbeiten, ist nicht eindeutig zu sagen: Werden sie von ihm nicht bezahlt oder macht das gewaltige nächtliche Geschehen („Stand ein Damm den andern Tag" (V. 11126) und „morgens war es ein Kanal" (V. 11130)) die tägliche Arbeit zunichte? Es gibt Autoren wie Schöne[107] oder Binswanger[108], die „Flämmchen" (V. 11125) und „Feuergluten" (V. 11129) als sichtbare Zeichen der Energie von eingesetzten Maschinen deuten. Goethe war sich sehr bewusst, dass er im hohen Alter den Beginn einer neuen Epoche erlebte, die durch Technisierung und Mechanisierung das Wirtschaftsleben radikal verändern würde. Von daher könnte er durchaus an dieser wichtigen Stelle „das 'Maschinenwesen' der neuen Zeit"[109] einbezogen haben, um die zukünftige Entwicklung anzudeuten. Warum werden diese Maschinen dann aber nur nachts eingesetzt? Warum sollte Faust nun plötzlich auf die Magie Mephistos verzichten wollen? Die magischen Kräfte unter dem Deckmantel der Dunkelheit einzusetzen, erscheint nicht unlogisch. Am wahrscheinlichsten ist, dass der Maschineneinsatz mit der Verwendung von Magie Hand in Hand geht.

Der erblindete Faust erkennt nicht, dass Mephisto statt Arbeiter Lemuren[110] gerufen hat, die jedoch nicht Deicharbeiten ausführen, sondern sein Grab ausheben.[111] Dieser Widerspruch zwischen inneren Unternehmungsplänen und äußerer Herrscher-Wirklichkeit auf dem Hintergrund von Fausts verheerendem Umgang mit Philemon und Baucis bringt Benno

---

106 Schöne: Faust – Kommentare. S. 716f.
107 Ebd. S. 716
108 Binswanger: Glaubensgemeinschaft der Ökonomen. S. 75f.
109 Schöne: Faust – Kommentare. S. 716
110 „Altrömische Bezeichnung für nächtlich umgehende, bösartige Geister von Verstorbenen" (Schöne: Faust – Kommentare. S. 754).
111 Genaueres über die Arbeit der Lemuren in Kapitel „Zur Choreographie von Fausts letzten Äußerungen" S. 93ff.

von Wiese zu der Aussage, dass es „in der deutschen Dichtung kaum etwas Schaudervolleres als den alten, von Dämonen umstrickten Faust [gibt], der eben noch erneute Schuld mit der Zerstörung des Häuschens von Philemon und Baucis auf sich geladen hat, der das schleichende Gespenst der Sorge herrisch abwehrt, um noch erblindet an der Unbeirrbarkeit eines Lebensglaubens festzuhalten, den man ebenso als eine tragische Illusion wie als Bekenntnis einer nie ermüdenden tätigen Seele bezeichnen kann."[112]

In der Faust-Forschung ist es aufgrund dieser Widersprüchlichkeiten und Fausts Verhalten immer üblicher geworden, seine Art der Herrschaft, seine unternehmerischen Leistungen und seine weiteren visionären Pläne heftig zu kritisieren oder gar komplett in Frage zu stellen. Die Intention Goethes scheint in diesem Sinne vornehmlich zu sein, anhand von Fausts Verblendung Fortschritts- und Zivilisationskritik zu üben. Thomas Weitin zufolge „hat Albrecht Schönes Kommentar den Weg gewiesen, der vor allem das Landgewinnungsprojekt am Ende als Ausdruck »totalitärer Gewaltherrschaft« deutet."[113]

Auch andere Autoren lassen an Fausts Herrschaft kaum ein gutes Haar. Rüdiger Safranski zufolge „triumphiert in der vorletzten Szene (...) Mephisto (...) [als] der kosmische Nihilist."[114] Er interpretiert Mephistos Aussage „Die Elemente sind mit uns verschworen,/Und auf Vernichtung läuft's hinaus" (V. 11549f.) dahingehend, dass sich „der beängstigende Horizont der großen Vergeblichkeit"[115] eröffne (für Faust allerdings nicht, weil Mephisto diese Worte nur für das Publikum *beiseite* spricht). Es herrscht außerdem auch bei anderen Autoren die Meinung vor, dass Mephisto mit seiner Aussage Recht behalten werde, dass das Neuland durch „Neptunen,/Dem Wasserteufel" (V. 11547) wieder überflutet werden würde. Alle Aussagen über den sicheren Eintritt der Zerstörung der gebauten Dämme sind jedoch Spekulation und werden durch keinen Texthinweis belegt. Mephisto hätte gern die Vernichtung, sie muss aber nicht zwangsläufig eintreten. Zu Goethes Zeiten gab es

---

112 Wiese, Benno von: Die deutsche Tragödie von Lessing bis Hebbel. München. 1983. S. 165
113 Weitin, Thomas: Freier Grund – Die Würde des Menschen nach Goethes Faust. Konstanz. 2013. S. 51 (Das erwähnte Zitat stammt aus Schöne: Faust – Kommentare. S. 709)
114 Safranski, Rüdiger: Goethe – Kunstwerk des Lebens. München. 2013. S. 622
115 Ebd.

längst Dämme, die dem Ansturm der Meere erfolgreich trotzten. Mephisto selbst hat ja in diesem Fall keine eigenständige Zerstörungsmacht, weil nicht das Wasser, sondern das Feuer sein eigentliches Element ist.[116] Das zeigt sich auch hier im fünften Akt, wo seine Flammen das Anwesen von Philemon und Baucis zerstören. Weil er im „Großen" nichts ausrichten kann, bleibt ihm nur noch, im „Kleinen" zu schaden. Vielleicht ist diese mörderische Tat für ihn eine Art Ausgleich. Immerhin musste er jahrzehntelang tatkräftig mithelfen, damit Faust etwas bleibend Erfolgreiches schaffen konnte, ohne dafür auch nur die geringste Entlohnung zu bekommen, und schon gar nicht Fausts Seele.

Nach Oskar Negt dokumentieren diese Szenen Fausts restloses Scheitern: „Erst als Unternehmer, der alle Widerstände wegräumt und alles Vergangene verjähren läßt, kommt Faust zu sich selbst; der fünfte Akt des zweiten Teils sieht aus, als wäre er eine große Festveranstaltung des unternehmerischen Menschen. Das Ganze hat nur einen Haken: Am Ende ist Fausts Betriebsgelände von Lemuren und finstern, gewaltbereiten Gesellen belagert, die nach Mephistos Regieanweisungen tätig sind."[117] Negts Vorstellung der Belagerung hat dagegen selbst einen Haken, weil er offenbar davon ausgeht, dass die bloße Anwesenheit der Lemuren und Gesellen reicht, um alles zu negieren. Sicher, die drei Gesellen hat der Herrscher-Besitzer benötigt, um sein unternehmerisches Wirken in seinem Sinn erfolgreich zu gestalten. Dafür hat er deren Missetaten in Kauf genommen. Für die Anwesenheit der Lemuren kann er allerdings nichts, die „jubelt" ihm Mephisto unter. Die Lemuren sind ausschließlich zum Schaufeln des Grabs gekommen, als bösartige Geister von Verstorbenen sind sie neben Mephisto die einzigen Beerdigungsgäste. Dass ein Schatten auf Fausts Unternehmungen liegt, ist nicht zu bezweifeln. Das heißt aber nicht, dass alle seine vergangenen unternehmerischen Aktivitäten gescheitert wären, wie es der Titel von Negts Buch „Die Faust-Karriere. Vom verzweifelten Intellektuellen zum gescheiterten Unternehmer" postuliert.

Der Übergang zur neuen Zeit entwickelt sich im „Faust II" allmählich. Im ersten Akt ist die marode Wirtschaft eines feudalen Systems dargestellt. Auch mit Hilfe einer selbst für Goethes Zeiten modernen Finanzwirtschaft, die auf

---

116 Das wird insbesondere in der Szene *Hochgebirg* im vierten Akt deutlich.
117 Negt, Oskar: Die Faust-Karriere. Vom verz̶ ̶ ̶ ̶ ̶ ̶ntellektuellen zum gescheiterten Unternehmer. G̶ ̶ ̶ ̶ ̶ ̶

Papiergeld basiert, gelingt es nicht, dieses veraltete System umzubauen und zu gesunden. Die alten Kräfte, Adelige und Kleriker, sind noch zu stark, es kommt nach dem Niederschlagen der Revolution zur Restauration, und der Herrscher ist zu schwach, um die Gelegenheit zur Einführung einer modernen Wirtschaft zu nutzen. So endet der vierte Akt, und im fünften Akt wird über den Kaiser und die Entwicklung seines Reichs (im Prinzip) kein einziges Wort mehr verloren! Jetzt stehen nur noch Faust und sein Wirtschaftssystem im Mittelpunkt der Handlung. Faust kann offenbar völlig unabhängig von äußeren Einflüssen (Kaiser, Kirche) in seinem Land herrschen („Herrschaft gewinn ich, Eigentum" (V. 10187)). Er spricht ja sogar von „Weltbesitz" (V. 11242) und „Millionen" (V. 11563) von Menschen, denen er durch Landgewinnung und Trockenlegen von Sümpfen „Räume (...) eröffnen"[118] (V. 11563) will. Ist dies Hybris, will er sogar das Kaiserreich wirtschaftlich überflügeln? Hat die Marktwirtschaft die Feudalwirtschaft abgelöst?

Zu Goethes Lebzeiten deutete sich solch ein Wandel an, Goethe sah mit dem heraufkommenden Maschinenzeitalter so etwas voraus. Noch aber ist Faust der alleinige „Herrscher-Besitzer", der bis kurz vor seinem Tod sogar der Meinung ist, er besitze Arbeiter („Knechte" (V. 11508)): „Des Herren Wort, es gibt allein Gewicht./Vom Lager auf, ihr Knechte! Mann für Mann!" (V. 11507f.).[119] In den nächsten sieben Versen steigert sich Fausts Wunschvorstellung weiterer Taten so sehr, dass die folgenden beiden Verse tatsächlich wie eine Hybris des wirtschaftlich tätigen Individuums ins Quasi-Kaiserliche erscheinen und Faust sich endgültig als Groß-Gestalter der „großen Welt" (Äquivalent zu „Faust II") sieht: „Daß sich das größte Werk vollende,/Genügt e i n Geist für tausend Hände"[120] (V. 11509f.).

Es ist auffällig, Metscher weist darauf hin, dass „die sozialökonomischen Konturen dieser Welt, anders etwa als bei der Darstellung des Feudalismus, auffallend unpräzise"[121] sind. Und deshalb ist nach Höhle/Hamm „die Welt Fausts im V. Akt (...) eine gesellschaftliche Ordnung, die – ganz sicher von Goethe mit höchster Bewusstheit so gestaltet – durch das Umrisshafte,

---

118 Satzumstellung durch Verfasser.
119 Später befiehlt er Mephisto: „presse [sie] bei!" (V. 11554).
120 Hervorhebung durch Goethe.
121 Metscher: Faust und die Ökonomie. S. 84

Unfertige, Angedeutete als eine Gesellschaft des Übergangs erscheint."[122] Für Borchmeyer spiegelt „Fausts Landgewinnungsprojekt (…) als Manifestation anti-feudalen Unternehmer- und Fortschrittsgeistes die ›Dialektik der Aufklärung‹."[123] Auch Heinz Hamm hat darauf hingewiesen, dass diese Herrschaft eine bürgerliche sei, die „eine ökonomische Zivilisation [organisiert], die von adliger 'Herrschaft' bei weitem nicht erreicht wurde."[124] Insofern ist im „Faust" durch dessen bürgerliche Herrschaft ein Übergang gezeichnet. Aber auf der anderen Seite stand Goethe laut Hamm „den Machtansprüchen der liberalen Bourgeoisie stets mit äußerster Skepsis"[125] gegenüber. „Der hohe Adlige, so denkt Goethe, steht als regierender Herr aufgrund seiner materiellen Unabhängigkeit jenseits aller materieller Einzelinteressen und kann überparteiisch zwischen den Einzelinteressen vermitteln, diese in ihrer Eigenständigkeit gewähren lassen. Wenn jedoch der Bürger an die Macht kommt, so glaubt er, wird er alle Eigenständigkeit und Andersartigkeit vernichten und alle anderen Interessen seinem Einzelinteresse unterwerfen wollen."[126] Tatsächlich herrscht Faust im fünften Akt in diesem Sinn, er denkt vornehmlich an seine Interessen. Er ist der Bürger, der sich verhält wie ein hoher Adeliger, letztendlich wie ein Quasi-Kaiser. In seinem Schlussmonolog schwenkt er jedoch überraschend um. Es wird die neue Perspektive eröffnet, dass das durch Faust inaugurierte ökonomische System ein Übergangsstadium zu einem neuen sein könnte. Erst jetzt, kurz vor seinem Tod, ist dies Faust in den Sinn gekommen und er denkt an radikale Systemveränderungen.

Fausts unternehmerische Karriere vom Gelehrten zum Herrscher-Besitzer verlief überaus erfolgreich, und ihr Höhepunkt besteht in der bemerkenswerten Schöpfungstat der Neulandgewinnung, wie im folgenden Kapitel die geographische Deutung des fünften Akts zeigen wird.

---

122 Höhle, Thomas / Hamm, Heinz: „Faust. Der Tragödie zweiter Teil". In: Weimarer Beiträge. Bd. 6. Berlin und Weimar. 1974. S. 81
123 Borchmeyer: Goethes Alters-Futurismus. S. 10
124 Hamm, Heinz: Julirevolution, Saint-Simonismus und Goethes abschließende Arbeit am ›Faust‹. In: Keller, Werner (Hrsg.): Aufsätze zu Goethes ›Faust II‹. Darmstadt. 1992. S. 273
125 Ebd. S. 274
126 Ebd.

Die geographische Deutung des fünften Akts

Methode und Fragestellung der geographischen Deutung

In diesem Kapitel soll gezeigt werden, wie Faust in den zurückliegenden Jahrzehnten seit dem Ende des vierten Akts seine landesplanerischen Ideen in die Tat umgesetzt und welche Pläne er für die Zukunft entworfen hat. Um zu einer umfassenden Beurteilung seines Unternehmertums zu gelangen, ist es erforderlich, alle räumlichen Details unter geographischen Gesichtspunkten genauestens zu untersuchen.

Die Prämisse der hier durchgeführten geographischen Deutung ist, strikt davon auszugehen, dass Goethe bei allen (!) geographischen Angaben exakt war, sodass das Geschehen nicht in einer beliebig zusammengebastelten Fantasielandschaft spielt, sondern in einer imaginär-realen Landschaft, in der alles geographisch stimmig zusammenpasst.[127] Diese Methode hat Goethe bei allen wechselnden Räumen und Zeiten im gesamten „Faust" angewandt. In einzelnen Szenen wie in der *Klassischen Walpurgisnacht* oder im ganzen dritten Akt hat er topographische Einzelheiten mit Echtnamen belegt, sodass sein imaginär-realer Entwurf dort klar zu erkennen ist. Im fünften Akt dagegen liegen die geographischen Verhältnisse weniger deutlich vor Augen. Trunz zum Beispiel rätselt darüber, wo das „Gebirge" (V. 11559), von dem Faust im Schlussmonolog spricht, liegen mag und wundert sich, dass dieses „Bild (…) gegen sonstige Goethesche Art, nicht völlig klar"[128] sei.

Die geographischen Verhältnisse sind vornehmlich aus dem Grund nicht unmittelbar aus dem Text abzuleiten, weil sie zu komplex sind. Der fünfte Akt

---

127 Laut Andreas H. Møller und Mattias Pirholt fehlt es in der Goethe-Forschung „im Großen und Ganzen (…) an systematischen Auseinandersetzungen mit dem Thema des Raums" (Pirholt, Mattias / Møller, Andreas H. (Hrsg.): »Darum ist die Welt so groß« Raum, Platz und Geographie im Werk Goethes. Heidelberg. 2014. S. 13). Eine Ausnahme stellt Helmut Koopmann dar (Koopmann, Helmut: Marschländer vor Sandgebirge? – Zu Fausts letzter Vision. In: Helbig, Holger / Knauer, Bettina / Och, Gunnar (Hrsg.): Hermenautik – Hermeneutik. Würzburg. 1996. S. 85–93). Er hat genau, wenngleich nicht umfassend auf die geographischen Verhältnisse des fünften Akts geblickt (vgl. Kapitel „Sümpfe im Hinterland" S. 88ff.).
128 Faust. Anmerkungen. S. 618

ist straff komponiert, alles ist aus dramaturgischen Gründen verkürzt. In der Exposition des fünften Akts, der Szene mit dem Wandrer, der Philemon und Baucis wieder begegnet, müssen die räumlichen Verhältnisse ebenso wie die historischen von über vier Jahrzehnten umrissen werden. Jeder Versuch, die Geographie des ganzen Großraums in der genügenden Genauigkeit und im nötigen Umfang auf der Bühne darzustellen, hätte die Szene erheblich verlängert und die Handlungsdynamik stark geschwächt. So konnte Goethe – wie übrigens in vielen anderen Szenen auch – nur hindeutende Angaben machen, die häufig sogar nur auf einen Begriff reduziert sind (zum Beispiel Linden, Hafen).

Alle Begriffe, die im fünften Akt einen geographischen Bezug aufweisen, werden in der folgenden Betrachtung genauer beleuchtet und in Zusammenhang gebracht sowie durch weitere geographische Angaben aus dem vierten Akt ergänzt. Insbesondere werden dabei der Naturraum und der von Faust geschaffene Kulturraum untersucht. Zudem werden biographische Begebenheiten hinzugefügt, die zeigen, wie sehr sich Goethe während seiner Arbeit an dem fünften Akt von 1825–31 mit den Bedingungen und Methoden des Deich- und Kanalbaus sowie der Entwässerung beschäftigte.[129] Auf einzelne Belege seiner geographischen, topographischen und geologisch-geomorphologischen Kenntnisse wird verzichtet – sie waren bekanntlich sehr umfassend.

Der Großraum und die Frage der Verortung

In der Überschau aller geographischen Elemente im fünften Akt lässt sich ohne eine einzige Widersprüchlichkeit das Norddeutsche Tiefland[130] als Folie der imaginär-realen Landschaft erkennen. Es ist selbstverständlich für die Deutung des „Faust" nur die geographische Stimmigkeit eines solchen Großraums von Bedeutung und nicht die topographisch exakte Verortung – allein schon deshalb, weil Goethe im Gegensatz zu anderen topographischen Gegebenheiten im „Faust" auf die Benennung verzichtet.

Wenn man sich die Geographie des gesamten „Faust" vor Augen stellt, kann man zu dem Ergebnis kommen, dass der Handlungsort des fünften Akts wie derjenige von „Faust I" sich in Mitteleuropa befindet. Die spärlichen, aber sehr konkreten Angaben in „Faust I" (*Auerbachs Keller in Leipzig* und die

---

129 Viele Kommentatoren verweisen darauf.
130 Genauer: Die Nordseeküste entlang des heutigen Belgiens, der Niederlande und Deutschlands sowie deren Hinterland bis zur Mittelgebirgsschwelle.

Walpurgisnacht auf dem Brocken im Harz („Harzgebirg. Gegend von Schierke und Elend."[131]) verweisen eindeutig auf den mitteleuropäischen (deutschen) Raum. Es spricht alles dafür und nichts dagegen, dass ebenso der fünfte Akt von „Faust II" hier spielen und somit auch Fausts Herrschaftsbereich imaginär-real an der niederländischen bzw. deutschen Nordseeküste liegen könnte.

Der wesentliche Grund, warum Goethe den Großraum nicht real verortet hat, liegt sicherlich darin, dass die hier in Frage kommenden Gebiete schon in der Zeit, in der der „Faust" spielt, von den Friesen besiedelt waren. Faust hätte sich mit ihnen auseinandersetzen müssen, er hätte mit seinem kaiserlichen Lehen nicht so frei agieren können, wie es ihm im fünften Akt möglich ist. Oder Goethe hätte die Friesen wegdichten müssen, aber sicherlich wollte er nicht eine Schwächung seiner Dichtung in Kauf nehmen, indem er ohne Not historische Realitäten veränderte. Ihm kam es darauf an zu zeigen, wie man ein Land völlig neu und ohne Einschränkungen planen kann, um eine blühende Kulturlandschaft entstehen zu lassen. Eine konkrete Verortung ist dazu nicht erforderlich – solange kein geographischer Unsinn entsteht.

In der Geschichte der Faust-Forschung gab es immer wieder Autoren, die sich zum Teil mit fragwürdigem Ergebnis an einer konkreten Verortung des fünften Akts versucht haben. Ihre dementsprechenden Thesen samt deren Widerlegung finden sich in den dazu passenden Kapiteln „Gebirge" S. 69ff. sowie „Sümpfe im Hinterland" S. 88ff.

Die Naturlandschaft

Der Naturraum, um den es im fünften Akt geht, besteht aus den folgenden Landschaftselementen:

Abb. 1: Überblick über die Landschaftselemente

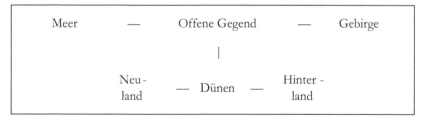

Im Folgenden werden die naturräumlichen Gegebenheiten der einzelnen Landschaften untersucht.

Flachmeer mit Gezeiten

Wenn Faust am Ende des vierten Akts ein Lehen des Kaisers an der Meeresküste bekommt, dann befindet sich dieses mit hoher Wahrscheinlichkeit an einem Flachmeer, denn Neulandgewinnung im großen Stil war früher nur an Flachmeerküsten möglich. Zudem ist es eine Küste, an der Gezeiten vorhanden sind. Faust beschreibt sie Mephisto in der Szene *Hochgebirg*, um ihm von seinen Plänen zu erzählen:

> Mein Auge war aufs hohe Meer gezogen;
> Es schwoll empor, sich in sich selbst zu türmen,
> Dann ließ es nach und schüttete die Wogen,
> Des flachen Ufers Breite zu bestürmen.
> (…)
> Die Woge stand und rollte dann zurück,
> Entfernte sich vom stolz erreichten Ziel;
> Die Stunde kommt, sie wiederholt das Spiel.
> (…)
> Sie schleicht heran, an abertausend Enden,
> Unfruchtbar selbst, Unfruchtbarkeit zu spenden
> Nun schwillt's und wächst und rollt und überzieht
> Der wüsten Strecke widerlich Gebiet. (V. 10198–215)

Es handelt sich hier um die Beschreibung der Küste eines Meeres mit einem „flachen Ufer" (V. 10201), wo die Flut regelmäßig „der wüsten Strecke widerlich Gebiet" (V. 10215) überschwemmt. Bei der „wüsten Strecke" (V. 10215) handelt es sich laut Friedrich/Scheithauer um „Strand, Watten."[132] Faust erwähnt in dieser Szene etwas später die „geringe Tiefe" (V. 10226). Es kann sich dabei also nur um die Küste eines Flachmeers handeln, die mit dem Wattenmeerabschnitt der Nordseeküste identisch ist oder ihm gleicht.

Es lässt sich einwenden, dass das Meer, welches Faust in dieser Szene beschreibt, nicht identisch mit dem Meer sein muss, an dem er später Landgewinnung betreibt. Dann aber wäre die Beschreibung eines Gezeitenmeers in dieser Ausführlichkeit inhaltlich weder notwendig noch sinnvoll und dramaturgisch eine Schwachstelle.

---

132 Friedrich/Scheithauer: Kommentar zu Goethes Faust. S. 265.

Im fünften Akt gibt es keinen direkten Hinweis auf die Gezeiten. In der Anfangsszene sind jedoch Indizien zu finden, die für das Vorhandensein eines Gezeitenmeers sprechen. Der Wandrer, der Philemon und Baucis besucht, war vor einiger Zeit in Seenot geraten, schiffbrüchig geworden und durch eine „sturmerregte Welle / (…) an jene Dünen" (V. 11049f.) geworfen worden. Bei dieser Formulierung könnten alle Küstenformen gemeint sein, an denen es eine Dünenlinie gibt. Um über eine präzisere geographische Situation Aufschluss zu bekommen, muss man sich das damalige Geschehen genauer vor Augen führen.

Der Wandrer hatte einen „Schatz" (V. 11070) mit an Bord, der durch den Schiffbruch verloren ging und von Philemon geborgen werden konnte. Es wird allerdings nicht gesagt, was mit „Schatz" (V. 11070) konkret gemeint ist. Er müsste aus so etwas Wertvollem wie Gold, Münzen, Juwelen oder / und Schmuck bestehen, jedenfalls kaum aus Papiergeld. Diese verschiedenen einzelnen Wertgegenstände werden unter dem Singular Schatz subsumiert. Dieses und die Tatsache, dass diese Gegenstände nicht verstreut am Ufer gefunden wurden, lässt vermuten, dass sie sich in einem wasserdicht verschlossenen Behältnis aus Holz befunden hatten, in einer Kiste oder Truhe, welche schwimmbar gewesen sein muss, sonst wäre sie beim Schiffbruch unrettbar versunken. Sehr groß wird der Schatz auch nicht gewesen sein, sonst hätte das Gewicht des Edelmetalls oder der Münzen jene Kiste in die Tiefe gezogen. Immerhin hatte sie ein solches Gewicht, dass Philemon „kräftig" (V. 11069) ziehen musste, um sie zu bergen. Während des Sturms stand für Philemon sicherlich nicht die Bergung, sondern die Rettung des Wandrers und dessen Erstversorgung im Vordergrund. Ein normaler Sturm erzeugt hohe Wellen und drückt Wassermassen gegen das Land, der Wandrer wurde durch „die sturmerregte Welle / (…) an jene Dünen [geworfen]" (V. 11050) und von den beiden Alten gefunden. Bei der Kiste ist es anders, sie wurde von Philemon „der Flut entrückt" (V. 11070). Er hat sie offenbar aktiv aus dem Wasser gezogen. Es ist allerdings kaum vorstellbar, dass dies ein älterer Mensch während eines Sturms bei hohem Wellengang wagt. Am wahrscheinlichsten ist die Bergung der Kiste, wenn man sich das Ganze in einer bestimmten Abfolge vorstellt. Der Wandrer erleidet in einem Sturm Schiffbruch und wird gerettet. Danach lässt der Sturm bei gleichzeitigem Ansteigen der Gezeitenflut nach. Die Schatzkiste wird bei geringerem Wellengang angespült und kann nun von Philemon aus dem Wasser gezogen, „der Flut entrückt" (V. 11070) werden.

Die Verwendung des Begriffs Flut im fünften Akt ergibt auf diese Weise Sinn, weil damit die Gezeiten gemeint sind und nicht einfach nur Wassermassen. Somit lässt sich auf das Vorhandensein eines Gezeitenmeers schließen.

Offene Gegend

Der Name der Szene lautet *Offene Gegend*. Diese Angabe ist nicht auf eine bestimmte Himmelsrichtung eingeschränkt, sondern bezieht sich auf den kompletten Umraum. Das heißt, dass im weiteren Umkreis außer Dünen keine größeren Erhebungen vorhanden sind. Weil die Düne von Philemon und Baucis die höchste Stelle in der Umgebung ist, möchte Faust dort eine Aussichtsstelle errichten: „Ein Luginsland ist bald errichtet, / Um ins Unendliche zu schaun" (V. 11344f.). Wie weit sich das Neuland von der alten zur neuen Küste erstreckt, wird aus dem Text nur indirekt ersichtlich. Fausts Äußerung hinsichtlich seines erhofften Aussichtspunkts, sofern sie nicht ausschließlich metaphorisch gemeint ist, lässt darauf schließen, dass beträchtliche Entfernungen vorliegen. Die Landschaft hinter der ehemaligen Küstenlinie sei im Folgenden mit Hinterland bezeichnet. Ganz offensichtlich handelt es sich bei dem Hinterland um eine große Küstenebene, die man sich mit allen Eigenschaften des Norddeutschen Tieflands (mit Marsch und Geest) ausgestattet denken kann.

Dünen

Die Dünen, von den im fünften Akt die Rede ist, lagen vor der Neulandgewinnung an der Küste, es handelt sich um sogenannte Küstendünen, die nur „am flachen Meeres- und Seestrand vorkommen."[133] Sie „sind räumlich und genetisch mit Flachküsten verbunden. Der Sand für diesen Dünentyp wird durch vorherrschende auflandige Winde vom sandigen Strand herangeweht, stammt also ursprünglich aus dem Meer, das den Sandstrand aufbaut."[134] Das Vorkommen dieser Küstendünen bestätigt die Annahme, dass es sich bei dem Meer im fünften Akt um ein Flachmeer handelt. Allerdings verhindert

---

133 Kirsch, Herbert u.a. (Hrsg.): Fachbegriffe der Geographie A–Z. Frankfurt am Main. 1986. 2. Auflage. S. 79

134 Wikipedia: Dünen in Mitteleuropa. https://de.wikipedia.org/wiki/Düne (Abruf: 19.05.2016)

an Teilen der Nordseeküste eine „starke Gezeitenströmung (…) die Bildung eines durchgehenden Strandwalls"[135] auf dem Festland. „Die Amplitude der Tidewelle ist (…) an der Küste der inneren Deutschen Bucht (…) größer als an der ostfriesischen und nordfriesischen Küste."[136] In diesen Bereichen gibt es Stranddünen nur auf den vorgelagerten Inseln, während „Küsten mit geringem Tidenhub (…) einen breiten Strandwall, wie in den westlichen Niederlanden"[137] besitzen, zudem gibt es Stranddünen „an der dänischen Westküste und an der Westspitze Eiderstedts."[138] Was das Vorhandensein von Küstendünen betrifft, ist die Nordseeküste demzufolge als Folie für die imaginär-reale Landschaft des fünften Akts bestens geeignet.

Gebirge

Über den ersten Vers von Fausts Schlussmonolog „Am Sumpf zieht ein Gebirge hin" (V. 11559) hat die Faust-Forschung bis in die Gegenwart gerätselt. Das Problem ist, dass es in der *Offenen Gegend* weit und breit keine Erhebungen gibt, die man Gebirge nennen dürfte. Die meisten Autoren haben dieses Problem schlichtweg ignoriert, nur wenige haben sich dazu Gedanken gemacht. Trunz zum Beispiel dachte an ein „bergiges Küstengebiet"[139], andere Autoren waren der Ansicht, dass unter „Gebirge" die alte Dünenkette („Sandgebirge"[140]) oder gar die Deiche zu verstehen sind oder dass Goethe diesen Begriff aus Versehen verwendet hat.

Schon der erste Satz aus Meyers Großem Konversationslexikon, welches das Wissen des 19. Jahrhunderts widerspiegelt, zum Begriff Gebirge widerlegt jede dieser philologischen oder sonstigen Deutungen: „Gebirge, im

---

135 Behre, Karl-Ernst: Ostfriesland – Die Geschichte seiner Landschaft und Besiedelung. Wilhelmshaven. 2014. S. 38

136 Rohde, Hans: Entwicklung der hydrologischen Verhältnisse im deutschen Küstengebiet. In: Kramer, Johann/Rohde, Hans: Historischer Küstenschutz. Stuttgart. 1992. S. 42

137 Behre: Ostfriesland. S. 38

138 Küster, Hansjörg: Nordsee – Geschichte einer Landschaft. Kiel. Hamburg. 2015. S. 39

139 Faust. Anmerkungen. S. 618

140 Koopmann: Marschländer vor Sandgebirge? S. 89. Koopmann erwähnt diesen Terminus, ist aber ein entschiedener Gegner der Auffassung, dass Goethe unter Gebirge „Sandgebirge" verstanden haben soll.

Gegensatz zu den ebenen Formen der Erdoberfläche sowie zu den durch Erosion oder Auswaschung aus solchen Ebenen hervorgegangenen Berg- und Hügellandschaften diejenigen mehr oder minder in einzelne Berge gegliederten Erhebungen der Erde, deren Teile nach bestimmten Richtungen aneinander gereiht sind."[141] Auch in der gegenwärtigen Wissenschaft zählen Dünen nicht zu Gebirgsformen, wie das folgende Beispiel aus „Spektrum der Wissenschaft" verdeutlicht: „Gebirge, durch eine deutliche orographische Grenze vom niedrigeren Umland getrennte Gruppe von Vollformen einschließlich der mit ihnen vergesellschafteten Täler und Hochflächen. Gebirge verdanken ihre absolute Höhe endogenen und ihre Reliefierung exogenen Prozessen. Unterscheiden lassen sich Hochgebirge und Mittelgebirge."[142] Allein schon, dass Küstendünen ausschließlich durch exogene und nicht durch endogene Prozesse entstanden sind, beweist, dass sie einem Gebirgsbegriff nicht im Geringsten entsprechen können.

In jüngster Zeit (2012) gab es von Hansjörg Küster[143] einen erneuten Versuch, ein vorhandenes Landschaftselement als Goethes *Gebirge* festzulegen, um dadurch die Handlung des fünften Akts wie folgt exakt verorten zu können: „Große Teile am Ende von Faust II spielen an der Niederelbe, an der Mündung des Flusses in die Nordsee."[144] Der Kernpunkt seiner Argumentation besteht darin, dass Goethe laut Küster das sogenannte ‚Hochland' im Land Hadeln an der Niederelbe als ‚Gebirge' aufgefasst haben könnte. Küster stützt diese These darauf, dass Goethe einen Reisebericht seines Zeitgenossen Christoph Meiners gekannt haben und durch die Lektüre zu diesem irreführenden „Synonym" angeregt worden sein soll. Weil in der vorliegenden Studie die Verortung des Gebirges in einer real-imaginären, geographisch stimmigen Landschaft eine bedeutende Rolle spielt, soll Küsters These im Folgenden ausführlich vorgestellt und widerlegt werden.

---

141 Meyers. Bd. 6, Sp. 407
142 www.spektrum.de/lexikon/geographie/gebirge/2827 (Abruf: 19.05.2016)
143 Küster ist Biologe und Professor für Pflanzenökologie in Hannover, der sich sehr gut mit den geomorphologischen-geologischen und botanischen Verhältnissen des Norddeutschen Tieflands auskennt, wie er in seiner Veröffentlichung „Nordsee – Geschichte einer Landschaft" (2015) unter Beweis stellt.
144 Küster, Hansjörg: Christoph Meiners, das Land Hadeln und Goethes *Faust II*. In: Männer vom Morgenstern – Heimatbund an Elb- und Wesermündung. Jahrbuch 90. 2011. Bremerhaven. 2012. S. 207

In seinem Beitrag „Christoph Meiners, das Land Hadeln und Goethes *Faust II*" für das „Jahrbuch der Männer vom Morgenstern, Band 90 (2011)" erbringt Küster nach eigenen Worten den „Nachweis, dass Goethe den Reisebericht von Meiners tatsächlich gekannt hatte."[145] Küster hat diesem Beitrag einen Wiederabdruck von Christoph Meiners Reisebericht beifügt. Die darin enthaltene Schilderung der Landschaft Hadeln an der Niederelbe ist sehr anschaulich verfasst, und man folgt danach gern Küsters These, Goethe habe sie gekannt. Denn so, wie Meiners das Land beschreibt, sieht man auch das von Faust geschaffene Neuland vor sich: Man wird „in Teutschland schwerlich eine Gegend finden, wo der Bauer so gar nicht gedrückt wird, und wo er so vieler Freyheiten, und eines so hohen Wohlstandes genießt, als in dem an den äussersten Winkel von Teutschland hingeworfenen Hadeler Ländgen."[146]

In einer weiteren Publikation aus dem Jahr 2012 führt Küster aus, wie Goethe in seinem „Faust" darauf gekommen sein soll, aus „Hochland" „Gebirge" zu machen. Zunächst geht es ihm darum zu zeigen, dass „ein Berg (…) nicht überall ein hoch aufragendes Gebilde mit schroffen Felsen [sei]. In Norddeutschland werden Dünen als Berge bezeichnet. Wittenberg, Dannenberg und Bergedorf an der Elbe sowie Landesbergen und Wahnebergen an der Weser liegen auf trockenen Dünen, die hoch genug sind, um niemals von Hochwasser überdeckt zu werden. Man kann auf diesen «Bergen» in Sicherheit leben. Aber in keinem Fall bezeichnen solche Ortsnamen hohe Berge; diese mag aber derjenige vor Augen haben, der diese Ortsnamen lediglich hört und eine Imagination mit ihnen verbindet."[147] Nach Ansicht des Verfassers der vorliegenden Studie ist dies richtig, solange von einzelnen „Bergen" die Rede ist, die nicht Teil eines Gebirges sind, und nach denen Ortschaften benannt werden. Ob im Sprachgebrauch der alpenfernen Norddeutschen allerdings jede etwas höhere Sanddüne gleich als Berg bezeichnet werden könnte, darf doch ernsthaft bezweifelt werden. Noch wesentlicher ist zudem, dass Küster keinen glaubhaften Nachweis erbringen kann, demzufolge eine Mehrzahl solch vermeintlicher „Berge" im Norddeutschen auch tatsächlich „Gebirge" genannt würden.

---

145 Ebd. S. 190
146 Ebd. S. 215
147 Küster, Hansjörg: Die Entdeckung der Landschaft. München. 2012. S. 127

Anschließend beschreibt er, was man in Norddeutschland auch unter „Hochland" verstehen kann: „Die Ströme Norddeutschlands, die in breiten Abflussbahnen aus der Eiszeit verlaufen, werden (…) von Uferwällen eingefasst, die man auch Hochland nennt. Dagegen ist das vom Fluss weiter ab, an den Talrändern gelegene Gebiet niedriger: Dieses Sietland steht häufiger und länger unter Wasser; es ist daher siedlungsfeindlich, während auf dem so gut wie niemals überfluteten Hochland mancherorts sogar Siedlungen angelegt werden konnten."[148] Nun behauptet Küster, dass Goethe Meiners Reisebeschreibung kannte, also auch die folgende Passage über die Situation der Region direkt an der Niederelbe: „Da alle Felder im Hoch-Lande mit Gräben umzogen sind, die weder Abfluß, noch Zufluß haben, und ohne diese Gräben kein Feld-Bau möglich wäre; so sind und bleiben immerdar unzählige Moräste eröffnet, die besonders in trockenen Sommern und Herbsten die Luft mit mephitischen Dünsten vergiften."[149] Abgesehen von der fraglichen Verortung des „Gebirges" ist dies auch deshalb eine bemerkenswerte Stelle, weil laut Meiners „unzählige Moräste (…) die Luft mit mephitischen Dünsten vergiften"[150] würden, was von der prägnanten Formulierung her durchaus eine Ähnlichkeit mit den ersten Versen des Schlussmonologs aufweist, in denen Faust den „Sumpf (…) am Gebirge" (V. 11559) als „faulen Pfuhl" (V. 11561) bezeichnet, der „alles schon Errungene [verpeste]" (V. 11560).

Küster gelangt somit zu der Überzeugung, dass „Goethe sich also unter einem Hochland nur ein Gebirge vorstellen konnte [und so] aus der von Meiners beschriebenen Landschaft eine ganz andere in der Imagination des Dichters [wurde]."[151] Wenn aber Goethe, wie Küster vermutet, die erwähnte Stelle genau gelesen hätte, dann müsste er nach Ansicht des Verfassers der vorliegenden Studie doch zweifellos andere Passagen ebenso genau gelesen haben, zum Beispiel diejenige, in der Meiners die Lage von Otterndorf beschreibt. Diese Stadt liege „eine kleine Viertel-Stunde von dem Elb-Deiche"[152]

148 Ebd.
149 Ebd. S. 128
150 Ebd.
151 Ebd.
152 Küster: Meiners, Hadeln und *Faust II*. S. 220

entfernt. Vor dem Dammbau sei „das ganze Land unstreitig bey jeder hohen Fluth überschwemmt [worden], und nur die höhern, zum Theil von Menschen selbst aufgeworfenen hügeligten Stellen konnten mit einiger Sicherheit bewohnt werden."[153] Diese Passage zeigt sehr deutlich, dass Meiners sehr wohl zwischen Hügeln und Bergen unterscheiden konnte und deshalb für einzelne Erhebungen im norddeutschen Raum den Begriff Hügel verwandte, und eben nicht Berg. Eben diese Unterscheidung konnte selbstverständlich auch der in Geologie und Geographie versierte Goethe treffen. Dieser bemerkenswert gebildete Mann von Welt, der auf seinen vielen Reisen alle möglichen Mittelgebirge und sogar ein Hochgebirge, nämlich die Alpen, kennengelernt hat, wäre gewiss nicht auf eine solch abwegige Idee gekommen, ein „Hochland" an der Niederelbe, das vom Relief her flach ist und kaum nennenswerte Höhen erreicht, als Gebirge zu bezeichnen.

Küster hat recht, wenn er betont, dass Goethe im „Faust II" nicht „die Elbmarsch des Landes Hadeln richtig (…) beschreiben"[154] wollte. Es kam Goethe vielmehr darauf an, sich mit möglichst vielen Quellen bekannt zu machen (siehe auch die kommenden Kapitel), um für den fünften Akt eine geographisch stimmige, real-imaginäre Landschaft zu komponieren. Dazu hat er sich mit hoher Wahrscheinlichkeit auch mit der Reisebeschreibung von Meiners auseinandergesetzt – und auch wenn Küster mit seiner Interpretation völlig falsch liegt, ist es ist doch erfreulich, dass er Meiners Schrift wiederentdeckt und veröffentlicht hat.

Es ist also ganz offensichtlich, dass nur ein Gebirge im Hinterland gemeint sein kann, das noch zu Fausts Herrschaftsgebiet zählt. Ob es sich dabei um ein Mittel- oder gar Hochgebirge handelt, bleibt offen. Die Entfernung zu diesem Gebirge dürfte beträchtlich sein, es liegt jenseits der *offenen Gegend*. Beim Norddeutschen Tiefland ist es beispielsweise so, dass sich die nördlichsten Ränder der Mittelgebirgsschwelle wie etwa das Wiehen- oder das Wesergebirge ca. 150 km von der Nordseeküste bei Bremerhaven entfernt befinden. Es ist allerdings anzunehmen, dass das Gebirge im „Faust" deutlich näher an der alten Küste liegt. Faust ist ja der Meinung, dass der davor sich

---

153 Ebd.
154 Küster: Die Entdeckung der Landschaft. S. 128

befindende „faule Pfuhl" (V. 11561) „alles schon Errungene [verpestet]" (V. 11560). Diese „Verpestung" wäre nur denkbar, wenn aus diesem offenbar großflächig zu denkenden Sumpfgebiet in hohem Maß belastete fließende Gewässer Fausts Neuland erreichen. Dabei dürfte jedoch die Entfernung nicht allzu groß sein, weil vornehmlich die Selbstreinigung der Bäche oder Flüsse sowie einströmendes Grundwasser sowie andere Bäche oder Flüsse den Belastungsgrad verringern würden. Wahrscheinlich aber ist Fausts Aussage, „alles schon Errungene" (V. 11560) würde verpestet, sowieso zu relativieren, weil er nämlich grundsätzlich im fünften Akt zur Verwendung höchster Superlative neigt, die alles Real-Imaginäre stark überzeichnen: „Weltbesitz" (V. 11242) nennt er sein Neuland, „vor Augen ist [s]ein Reich unendlich" (V. 11153), „die Spur von [s]einen Erdetagen/[geht] nicht in Äonen" (V. 11583f.) unter.

Wenngleich Goethe nie an der Nordseeküste war, wird er, der sich zeitlebens aus großem Interesse intensiv mit geologischen Phänomenen beschäftigt hat, unmöglich die alte Dünenkette oder andere natürliche Erhebungen und schon gar nicht die Deiche als Gebirge bezeichnet haben, wie ihm Faust-Interpreten immer wieder unterstellen wollten. Das Gebirge kann sich, wie die genannten real existierenden Mittelgebirge, aus wissenschaftlicher Sicht nur in einiger Entfernung von der ehemaligen natürlichen Küste, nämlich im Hinterland befinden.

Gewässer

Es gibt im fünften Akt von „Faust II" keinen Hinweis auf größere natürliche Gewässer wie Flüsse oder Seen. Dies ist erstens insofern von Bedeutung, als es sich bei Fausts Projekten nicht um die Erschließung eines Flussdeltas handeln kann, in welchem Neulandgewinnung bzw. Entwässerungsprojekte in der damaligen Zeit möglich gewesen wären. Es kommt somit eine ganze Reihe von Gegenden in Europa von vorneherein nicht in Betracht. Auch ist nicht von einer Lagune die Rede, in welcher die genannten Maßnahmen möglich gewesen wären. Zweitens macht sich das Fehlen von Flüssen bemerkbar, denn Faust musste, um Binnenschifffahrt betreiben zu können, einen Kanal bauen. Natürliche Fließgewässer in Form von Bächen mag es jedoch sicherlich gegeben haben.

Flora und Fauna

Im fünften Akt werden gerade einmal zwei Pflanzen- und eine Tierart konkret benannt: Linde, Moos und Reh.

Lynkeus erwähnt in seiner Schilderung der Idylle der Natur um ihn herum in der Szene *Tiefe Nacht* ein Reh. Da Rehe in weiten Teilen Europas vorkommen, ergibt sich daraus kein eindeutiger geographischer Bezug. In dieser Szene dient die Erwähnung eines Rehs dazu, das Bild einer friedvollen Stimmung zu vermitteln.

Die Linde kommt in Europa von Natur aus in den drei Arten Sommer-, Winter- und Silberlinde vor. Während die Silberlinde in Südosteuropa heimisch ist, kommt die Sommerlinde vom nördlichen mediterranen Raum bis ins nördliche Mitteleuropa vor (Abb. 2). Die Verbreitung der Winterlinde beginnt ebenfalls im nördlichen mediterranen Gebiet, reicht jedoch bis in den südskandinavischen Raum (Abb. 3).

Abb. 2: Verbreitung der Sommerlinde in Europa

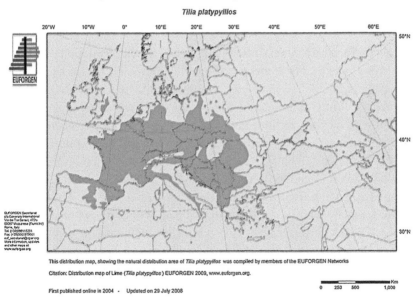

Tilia platypyllos

This distribution map, showing the natural distribution area of *Tilia platypyllos* was compiled by members of the EUFORGEN Networks

Citation: Distribution map of Lime (*Tilia platypyllos*) EUFORGEN 2009, www.euforgen.org.

First published online in 2004 · Updated on 29 July 2008

75

Abb. 3: Verbreitung der Winterlinde in Europa

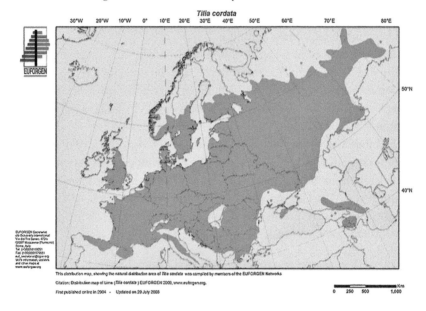

Im ersten Vers des fünften Akts erkennt der Wandrer „die dunklen Linden" (V. 11043) wieder. Das Adjektiv „dunkel" könnte sich auf ein Unterscheidungsmerkmal der beiden in Frage kommenden Lindenarten beziehen: Die Blätter der Winterlinde sind dunkler als die der Sommerlinde.

Während die Sommerlinde im Vergleich „etwas anspruchsvollere"[155] Böden benötigt, sagt der Winterlinde „lockerer, frischer, tiefgründiger Boden, nährstoffreicher, kalkhaltiger Lehm oder Sandboden (...) besonders zu"[156], weshalb sie im Gegensatz zur Sommerlinde auch auf Sanddünen wachsen kann. Laut der Karten der Schutzgemeinschaft Deutscher Wald (SDW) (Abb. 2 und 3) gehören der Küstenbereich an der Nord- und Ostsee sowie große Teile des norddeutschen Tieflands nicht zum (heutigen) Verbreitungsgebiet der Sommerlinde.

Auch die symbolische Bedeutung der Linde für den deutschen Kulturkreis legt eine topographische Verortung in Mitteleuropa nahe:

---

155 Gössinger, L.: Die Linden. SDW Bundesverband (Hrsg.). Bonn. www.sdw.de/
     cms/upload/pdf/Die_Linde.pdf (Abruf 19.05.2016)
156 Ebd.

„Den Germanen war die Linde der Liebesgöttin Freya heilig und besaß Weissagungs- und Heilkraft. Im Volksglauben der germanischen und slawischen Völker nimmt die Linde unter den Bäumen den Ehrenplatz ein. Jedes Dorf besaß als Mittelpunkt eine Linde. Sie war Treffpunkt für Jung und Alt. Der Platz unter der Linde war der Ort für Trauungen, Versammlungen der Dorfjugend. Die Tanzlinde war ein starker Baum, dessen Hauptäste in Jahrzehnten zu waagerechten Astkränzen geformt wurden. Auf diese Astkränze legte man Bretter, brachte Geländer und Leitern an und stützte das Ganze mit Pfosten ab. Die Linde war der Baum der deutschen Romantik. In Liedern und in zahlreichen Gedichten wird die Verbindung zwischen Liebe und Linde immer wieder deutlich. Ferner diente die Linde als Rechtsbaum. Gerichtslinden standen auf öffentlichen Plätzen und in Burgen. Die auf Hügeln angepflanzten und daher weit sichtbaren Bäume galten als Freiheitsbäume. Die tiefe Verwurzelung der Linde in der Bevölkerung zeigt sich auch in den zahlreichen Sagen und Volksbräuchen. Flur-, Orts- und Personennamen zeigen, dass die Linde schon im frühen Mittelalter sehr verbreitet war. Über 850 deutsche Städte verdanken der Linde ihren Namen."[157]

Schon in „Faust I" kommt der Linde beim Tanz der „Bauern unter der Linde"[158] die besondere Bedeutung der „Tanzlinde"[159] als „Treffpunkt für Jung und Alt"[160] zu. Hier im fünften Akt geht es jedoch nicht um diese Art von Treffpunkt, sondern darum, dass die Linden von Philemon und Baucis die dauernde Liebe der beiden zueinander symbolisieren. Zudem gelten die Linden als ein Symbol der Freiheit, weil sie „auf Hügeln angepflanzt und daher weit sichtbare Bäume"[161] sind.[162] Philemon und Baucis lassen sich nicht

---

157 Gössinger: Die Linden.

158 Faust. S. 36

159 Gössinger: Die Linden.

160 Ebd.

161 Ebd.

162 In Ovids „Metamorphosen" spielt in der Geschichte über Philemon und Baucis die Linde ebenfalls eine Rolle, denn Baucis wird dort am Ende ihres Lebens in eine solche verwandelt, Philemon dagegen in eine Eiche. Inwiefern die hier auftretenden Linden symbolisch etwas mit Baucis zu tun haben, darf bezweifelt werden. Im Goethe'schen „Faust" gibt es zwar einige Ähnlichkeiten, aber Umbildungen und Unterschiede zu Ovids Geschichte überwiegen. Goethe selbst sprach am 6. Juni 1831 zu Eckermann: „Mein Philemon und Baucis (…) hat mit jenem berühmten Paar des Altertums und der sich daran knüpfenden Sage nichts zu tun. Ich gab meinem Paare bloß jene Namen, um die Charaktere dadurch zu heben. Es sind ähnliche Personen und ähnliche Verhältnisse, und da wirken die ähnlichen Namen durchaus günstig." (Eckermann: Gespräche mit Goethe. S. 470f.)

von Faust umsiedeln und beharren auf ihrem Freiheitsrecht. Faust kann sich die Inbesitznahme nur mit Ausübung von Macht erzwingen. Er wünscht sich „die Linden (…) zum Sitz" (V. 11240), um dort „weit umher(…)schauen" (V. 11243) zu können. Zu diesem Zweck plant er, „von Ast zu Ast Gerüste [zu] bauen" (V. 11244). So etwas ist nur dann möglich, wenn – wie oben beschrieben – die „Hauptäste in Jahrzehnten zu waagerechten Astkränzen geformt wurden."[163] Somit weist Fausts Aussichtsbauplan darauf hin, dass hier mindestens eine stark gewachsene Winterlinde steht.

Das Beispiel Linde zeigt, bis in welche feinsten Details Goethe im fünften Akt geographisch stimmig gearbeitet hat. Die Winterlinde auf der Sanddüne stellt ein sehr starkes Indiz dafür dar, dass es sich bei der *offenen Gegend* um eine der Nordseeküste gleichende Küste handeln muss.

Was das Moos betrifft, so weist Lynkeus beim Brand auf dem Anwesen von Philemon und Baucis darauf hin, dass deren „innre Hütte (…), (…) bemoost und feucht gestanden" (V. 11312f.), in Brand geraten sei und von dem „Moosgestelle" (V. 11321) das Feuer auf die „Linden" (V. 11309) übergegriffen habe. Moos wächst an Gebäuden nur, wenn genügend Feuchtigkeit und Beschattung vorhanden ist. Das Moos an der Hütte und der Wuchs von Winterlinden weisen auf ein feucht-gemäßigtes Klima hin.

Flora und Fauna des fünften Akts unterstützen die Ansicht, dass Faust sein Neulandprojekt an einer imaginär-realen friesischen Küste betreibt.

Die Kulturlandschaft

Raumdimensionen

Philemon weist den Wandrer auf die Größe des vor ihnen liegenden neu entstandenen Raumes hin:

> So erblickst du in der Weite
> Erst des Meeres blauen Saum,
> Rechts und links, in aller Breite,
> Dichtgedrängt bewohnter Raum. (V. 11103–06)

Nach der Landgewinnung ist das ursprüngliche Ufer eine unbestimmte Strecke von der neuen Meeresküste entfernt. In der „Weite" (V. 11103) ergeben sich dabei etliche Kilometer im hohen einstelligen bzw. unteren

---

163 Gössinger: Die Linden.

zweistelligen Bereich. Bei der „Breite" (V. 11105) wird das Attribut „aller" (V. 11105) verwendet, es ist also mindestens eine solche Ausdehnung, wie weit das Auge überhaupt in einer *offenen Gegend* blicken kann, womit es sich um eine Entfernung jeweils im deutlich zweistelligen Kilometerbereich oder noch darüber hinaus handeln muss – jedenfalls eine enorme Fläche. Und sie ist laut Aussage Philemons „dichtgedrängt bewohnt" (V. 11106), was auf eine sehr erfolgreiche Kultivierung schließen lässt. Es stellt sich die Frage, wie Faust einen solchen Raum dem Meer abringen konnte und wie er ihn raumplanerisch gestaltete.

Neulandgewinnung am Beispiel der Nordsee

Das Ufer des ursprünglichen Wattenmeers wurde immer wieder überspült, was dazu führte, dass sich im Marschland Salzwiesen bildeten. Das Hinterland war im Spätmittelalter aufgrund der großen Anzahl von Mooren nur gering besiedelt, meist lediglich auf den höher gelegenen, bedingt fruchtbaren Geest-Flächen. Zu Goethes Zeiten war die Neulandgewinnung aus dem Meer, die schon seit dem 13. Jahrhundert an der Nordseeküste betrieben wurde, noch immer eine mühselige Angelegenheit. Die Eindämmung mit Deichen wurde zum Teil durch die Anlage von „Buhnen" (V. 11545) unterstützt, welche für eine Verringerung der küstenparallelen Strömung sorgen sollten. Die anschließende Entwässerung der Salzwiesen erbrachte fruchtbares Marschland, je nach Region Koog, Groden oder Polder genannt. Mit der Verbreitung von Windmühlen konnte das Herauspumpen der Wassermassen immer besser vonstattengehen. Die Stabilität der Deiche war zu den damaligen Zeiten bei Sturmfluten sehr gefährdet und nicht geringe Landflächen mussten nach einem Deichbruch völlig aufgegeben werden.

Wenn man Küsters Beschreibung über den Deichbau der Friesen und deren Gemeinwesen liest, fühlt man sich in vielem an den fünften Akt erinnert:

„Wahrscheinlich in der Mitte des 13. Jahrhunderts schlossen sich die Marschbauern [die Friesen] an der Nordsee zur Durchführung eines gigantischen Unternehmens zusammen: Sie bauten einen Deich, der fortan ihr gesamtes Land von Meeresfluten (…) frei halten sollte. Es ist ein großes Rätsel, wie der Bau dieses viele hundert Kilometer langen Deiches vor sich ging. Man weiß nicht, wer die Arbeiten koordinierte, es gibt keine Baupläne, man weiß nichts über Vermessungsarbeiten im Land, auch nichts darüber, wie die damals gebaute Deichlinie ausgewählt wurde. Man kann nur voraussetzen, dass der Bau des gesamten Deiches sehr rasch vor sich gegangen sein muss"[164], und zwar aufgrund der steten Gefahr einbrechender Sturmfluten, die alles zunichtegemacht hätten.

Fausts Neulandgewinnung, deren Betreibung im fünften Akt nur sparsam angedeutet wird, wird man sich grundsätzlich in der oben beschriebenen Weise vorstellen dürfen. Hinzuzufügen wäre noch, dass keine der Figuren von einem stattgefundenen Deichbruch berichtet.

Wie sehr sich Goethe für den Deichbau interessierte, beschreibt Uwe Rada in seinem Buch „Die Elbe – Europas Geschichte im Fluss":

> „Im Februar 1825 hatte eine Sturmflut biblischen Ausmaßes die Nordseeküste heimgesucht, 800 Menschen waren ums Leben gekommen. Betroffen waren nicht nur Belgien, die Niederlande und die deutsche Küste, sondern auch die untere Elbe."[165] Goethes Interesse an dem Geschehen war so groß, dass er sogar Johann Peter Eckermann dorthin sandte, „damit er sich mit eigenen Augen ein Bild von der Lage mache. Eckermann, nicht weit von der Unterelbe in Winsen an der Luhe geboren, reiste nach Stade und beobachtete, wie die von der Flut zerstörten Deiche höher als zuvor wiederaufgebaut wurden. Christian Bertram, ein Wasserbauingenieur, der später sein Schwager wurde, lieferte ihm Informationen aus erster Hand. Eckermann notierte: »Man baut wieder auf, legt die in einen See verwandelte Marsch trocken und gewinnt neues Land.« Zurück in Weimar konnte er Goethe Fundiertes berichten. Noch mehr als ein Jahr später trieb das Thema den Dichter um. In seinem Tagebuch notierte er am 14. Juli 1826: »Abends kam Dr. Eckermann. Erzählte von Hamburg, Stade und den dortigen Anschwemmungen, Einrichtungen und Ansiedlungen.«"[166]

Obwohl er selbst nie vor Ort war, wusste Goethe über die Möglichkeiten und Probleme des Deichbaus an einem Flachmeer wie der Nordsee also genauestens Bescheid.

Die Neulandgewinnung im „Faust"

Faust hatte sich nach dem Kriegsgeschehen im vierten Akt vier bis fünf Jahrzehnte um sein Neulandprojekt kümmern können. Die Deiche sind zu Beginn des fünften Aktes jedenfalls schon lange vorhanden. Philemon beschreibt die Anfänge:

---

164 Küster: Nordsee. S. 60
165 Rada, Uwe: Die Elbe – Europas Geschichte im Fluss. München. 2013. S. 247
166 Ebd. S. 248

Nicht entfernt von unsern Dünen
Ward der erste Fuß gefaßt
Zelte, Hütten! – Doch im Grünen
Richtet bald sich ein Palast. (V. 11119–22)

Auf einer „Düne" (V. 11119) bzw. einer Dünenkette stehen die „Hütte"
(V. 11048) und die „Kapelle" (V. 11139) von Philemon und Baucis. Ihr Anwesen befindet sich somit auf vor Hochwasser geschütztem Land. Im Gegensatz
dazu steht Fausts Palast vor dieser Dünenkette im neu gewonnenen Land,
dort, wo „der erste Fuß gefaßt" (V. 11120) wurde, im „Grünen" (V. 11121).
Das heißt, dass sobald dem Meer durch den Bau von Deichen Land abge-
rungen und die Böden soweit getrocknet waren, dort nicht nur natürliche
Vegetation „im Grünen" (V. 11121) wuchs, sondern auch Kulturpflanzen
(„weiter Ziergarten"[167] von Fausts Palast) angebaut werden konnten. Ein
weiterer Beleg für die Lage des Palastes stellt Fausts Reaktion auf das Läuten des Glöckchens von Philemon und Baucis dar: „Im Rücken neckt mich
der Verdruß" (V. 11154), während „vor Augen (…) mein Reich unendlich"
(V. 11154) sich erstreckt. Faust ließ sich seinen Palast im tiefer liegenden
Neuland sicherlich auch aus dem Grund errichten, um den sich ansiedeln-
den Menschen zu demonstrieren, für wie sicher er als Herrscher die neuen
Deiche hielt. Würde er sich sonst selbst den schwerwiegenden Folgen eines
theoretisch möglichen Deichbruches aussetzen? Es handelt sich hierbei um
eine im Grunde ähnliche vertrauensbildende Maßnahme, wie sie die Unterschrift des Kaisers auf den Geldscheinen darstellte, die Zutrauen in das neue
Papiergeld schuf.

Die Besiedlung war äußerst erfolgreich. Philemon fordert den Wandrer
auf: „Schaue grünend Wies' an Wiese, / Anger, Garten, Dorf und Wald"
(V. 11096). Allein die Tatsache, dass ein Wald entstanden ist, zeigt, wie
nachhaltig die landwirtschaftliche Nutzung über einen längeren Zeitraum
wirksam war. Philemon spricht von dieser Landschaft im Gesamten als einem „Garten" (V. 11085) und einem „paradiesisch Bild" (V. 11086). Durch
diese Beschreibungen[168] wird deutlich, wie sehr aus der „wüsten Strecke
widerlich Gebiet" (V. 10215) eine Kulturlandschaft im besten Sinn gestaltet

---

167 Faust. Regieanweisungen. S. 336
168 Wenngleich es nur Philemon ist, welcher das neue Land beschreibt und lobt,
     widerspricht ihm Baucis nicht. Andererseits widerspricht auch Philemon

wurde. Dabei ist ein kräftiger Kontrast entstanden, denn die Dünen, auf denen Philemon und Baucis leben, sind mit ihren Sandböden im Vergleich zum Marschboden recht karg. Über die neu entstandene fruchtbare Kulturlandschaft fällt seitens der beiden Alten kein einziges negatives Wort, Baucis beklagt sich lediglich über das „Brüsten" (V. 11133) ihres „gottlosen" (V. 11131) „Nachbarn" (V. 11133) und wie dieser seine Knechte behandelte („Menschenopfer mussten bluten" (V. 11127)). Zudem traut sie der Standhaftigkeit der Deiche nicht („Traue nicht dem Wasserboden" (V. 11137)). Mit dieser Haltung ist sie inzwischen allerdings ziemlich allein. Schließlich müssen die Deiche schon seit Jahrzehnten gehalten haben, denn sonst hätten Philemon und Baucis sicher von einem Deichbruch berichtet.

In Lynkeus, dem Türmer, gibt es einen weiteren Beobachter der neu gewonnenen Kulturlandschaft:

Zum Sehen geboren,	So seh' ich in allen
Zum Schauen bestellt,	Die ewige Zier,
Dem Turme geschworen,	Und wie mir's gefallen,
Gefällt mir die Welt.	Gefall' ich mir.
Ich blick' in die Ferne,	Ihr glücklichen Augen,
Ich seh' in der Näh'	Was je ihr gesehn,
Den Mond und die Sterne,	Es sei wie es wolle,
Den Wald und das Reh.	Es war doch so schön!
	(V. 11288–303)

Diese Verse sind in ihrer positiven Stimmung kaum zu übertreffen. Lynkeus, der seine Qualität als Beobachter in den ersten beiden Versen in doppelter Hinsicht betont, schaut in der ihn umgebenden neu geschaffenen Kulturlandschaft („in der Ferne,/(…) in der Näh'" (V. 11292f.)) nur Schönheit, Frieden und den Einklang zwischen der Natur mit Fauna („Reh" (V. 11295)) und Flora („Wald" (V. 11295)), mit dem Menschen („gefall' ich auch mir" (V. 11299)) und dem ganzen Kosmos („Mond und die Sterne" (V. 11294)). Lynkeus' Schilderung der Nacht ist eine bemerkenswerte Hommage an das von Faust Geschaffene.

Kaum aber ist das letzte Wort „schön" (V. 11303) verklungen, entdeckt Lynkeus das Feuer, welches, immer stärker werdend, das Anwesen von Philemon und Baucis vernichtet. Es ist ein ungeheurer Gegensatz zwischen den

---

nicht, wenn sie Fausts Machenschaften beklagt und dem tiefer liegenden Land misstraut.

beiden Passagen, die das Gute und das Böse versinnbildlichen. Dies verdeutlicht, wozu Faust in der Lage war und ist, wozu ihn die Verbindung mit Mephisto befähigt. Im Verbund mit dem Bösen wurde möglich, was im Gespräch zwischen dem Herrn und Mephisto im *Prolog im Himmel* angelegt war und sich im gesamten „Faust" stets zeigt: dass Gutes geschaffen werden kann. Sobald Faust aber nicht hellwach ist und Mephisto zu wenig an die Zügel nimmt, droht das Korrumpieren des ursprünglich Gewollten.

Faust, der in „Faust I" ausschließlich an sich selbst gedacht hat, kann in „Faust II" eindrucksvoll unter Beweis stellen, dass ein Unternehmertum mit ökonomischem Fachwissen und geeigneter Landesplanung nicht nur zu einem persönlichen Erfolg, sondern auch vor allem zum Wohl einer großen Gemeinschaft führen kann. Sein Sieg über das Meer, seine Neulandgewinnung kommt einer Schöpfungstat gleich, deren Ergebnis laut Philemons Aussagen an paradiesische Zustände heranreicht.

Der Überseehafen

An der neuen Meeresküste wurde ein Hafen angelegt. Goethe beschäftigte sich im hohen Alter offenbar gern mit der Anlage von Häfen. Eckermann berichtet von der Begegnung am 10.2.1829, dass er „Goethe umringt [fand] von Karten und Plänen in Bezug auf den Bremer Hafenbau, für welches großartige Unternehmen er ein besonderes Interesse zeigte."[169] Hier im fünften Akt handelt es sich um einen größeren Hafen, einen Überseehafen, der offenbar gleichzeitig zwanzig Schiffe, die Mephisto neben dem eigenen von seinem Raubzug mitbringt, aufnehmen kann („mit zwanzig sind wir nun im Port" (V. 11174)). Laut Ulrich Gaier liegt „die ökonomische Bedeutung der Hafenanlagen für den »Welt-Besitz« (…) auf der Hand."[170] Darüber hinaus liegt der Hafen an der Mündung eines „großen, gradgeführten Kanals"[171], der eine Handelsverbindung mit dem Hinterland herstellt. An einem solchen bedeutenden Umschlaghafen muss auch zwangsläufig eine größere Stadt liegen, die im Text allerdings nicht konkret erwähnt wird.

---

169 Eckermann: Gespräche mit Goethe. S. 290
170 Gaier, Ulrich: Fausts Modernität. Stuttgart. 2000. S. 13
171 Faust. Regieanweisung. S. 336

Der große Kanal

Zu Fausts Anwesen mit seinem „weiten Ziergarten"[172] führt von dem Überseehafen ein „großer, gradgeführter Kanal."[173] Mephisto fährt mit einem Schiff
bis zu Fausts Palast. Warum erhält dieser Kanal die Attribute „groß" und
„gradgeführt"? „Gradgeführt" ist der Kanal sicher deshalb, weil er durch eine
flache Landschaft führt, die beim Bau noch relativ unbesiedelt war, sodass auf
topographische Besonderheiten kaum Rücksicht genommen werden musste.
Zunächst einmal kann Goethe aufgrund der Dimension des „großen" Kanals
unmöglich daran gedacht haben, dass jener an Fausts Palast endet. Dies wäre
aus wirtschaftlichen Gründen unsinnig. Um den Palast zu versorgen, hätte es
ausgereicht, die Fracht im Überseehafen auf Kutschen zu verladen. Goethe war
viel zu sehr ein Wirtschaftsfachmann, als dass er in seiner wichtigsten Dichtung
nicht auf so etwas geachtet hätte. Ein großer Kanal ist nur dann sinnvoll, wenn
auf ihm große Schiffe fahren, was hier ja der Fall ist, denn Mephisto erreicht
mit einem hochseetauglichen Schiff, einem „großen Kahn" (V. 11145), den
Hafen bei Fausts Palast. Es wird im Text zwar nicht ausdrücklich gesagt, aber
ein solcher großer Kanal führt mit hoher Wahrscheinlichkeit weiter ins Hinterland und verbindet auf kürzestem Weg den Überseehafen als Umschlags-
platz mit einer schon existierenden oder noch geplanten Handelsmetropole
bzw. einem weiteren Hafen, an dem Rohstoffe verschifft werden. Der Bau
eines Kanals ist immer dann notwendig, wenn kein größerer schiffbarer Fluss
in der Nähe ist. Den Aufwand eines Kanalbaus betreibt man außerdem nur,
wenn die Wirtschaft im Hinterland schon bedeutend ist oder wenn man sie
mit berechtigten Aussichten impulsieren kann. Eine solche wirtschaftliche
Blüte im neu geschaffenen Land sowie in Folge auch im Hinterland ist dem
jahrzehntelangen wirtschaftlichen Wirken Fausts anzurechnen.

Wie sehr sich Goethe auch im hohen Alter, in dem er ja intensiv an dem
fünften Akt arbeitete, mit wirtschaftlichen Themen allgemein, aber insbesondere auch mit Fragen des Kanalbaus beschäftigte, soll am folgenden Beispiel gezeigt werden. Am Mittwoch, dem 21. Februar 1827, sprach Goethe
mit Eckermann anlässlich eines Gesprächs über die Berichte Alexander von
Humboldts auch über die Pläne zum Bau des Panamakanals:

---

172 Ebd.
173 Ebd.

„So viel ist aber gewiß, gelänge ein Durchstich der Art, daß man mit Schiffen von jeder Ladung und jeder Größe durch solchen Kanal aus dem Mexikanischen Meerbusen in den Stillen Ozean fahren könnte, so würden daraus für die ganze zivilisierte und nichtzivilisierte Menschheit ganz unberechenbare Resultate hervorgehen. (…) Es ist (…) vorauszusehen, daß an dieser ganzen Küste des Stillen Ozeans, wo die Natur bereits die geräumigsten und sichersten Häfen gebildet hat, nach und nach sehr bedeutende Handelsstädte entstehen werden, zur Vermittelung eines großen Verkehrs zwischen China nebst Ostindien und den Vereinigten Staaten. In solchem Fall wäre es aber nicht bloß wünschenswert, sondern fast notwendig, daß sowohl Handels- als Kriegsschiffe zwischen der nordamerikanischen westlichen und östlichen Küste eine raschere Verbindung unterhielten, als es bisher durch die langweilige, widerwärtige und kostspielige Fahrt um das Kap Horn möglich gewesen. Ich wiederhole also: es ist für die Vereinigten Staaten durchaus unerläßlich, daß sie sich eine Durchfahrt aus dem Mexikanischen Meerbusen in den Stillen Ozean bewerkstelligen, und ich bin gewiß, daß sie es erreichen. Dieses möchte ich erleben; aber ich werde es nicht."[174]

Und tatsächlich: 1906 begannen die nach einem gescheiterten ersten Anlauf wieder aufgenommenen Arbeiten zum Bau des Panamakanals, am 15.8.1914 wurde er eröffnet. Man sieht an diesem Beispiel sehr deutlich, dass Goethe nicht nur einen bemerkenswerten Weitblick besaß, sondern auch genug Fachkenntnis, um mit dem Adjektiv „groß" darauf hinweisen zu können, dass die Größe eines Kanals auch einem wirtschaftlichen (oder militärischen) Nutzen entsprechen muss, der im Fall des „großen Kanals" im fünften Akt die ausschließliche Versorgung eines Palasts bei weitem übersteigt.

Das geplante Neuland im Hinterland

Faust spricht unmittelbar nach seiner Erblindung durch die *Sorge* und dem Aufleuchten eines inneren Lichts (vgl. V. 11500) von einem neuen Plan, über den man allerdings erst später, zu Beginn des Schlussmonologs, etwas Konkretes erfährt:

Schlussmonolog („Teil 1"), Verse 1–4

Ein Sumpf zieht am Gebirge hin,
Verpestet alles schon Errungene;
Den faulen Pfuhl auch abzuziehn,
Das Letzte wär' das Höchsterrungene. (V. 11559–62)

---

174 Eckermann: Gespräche mit Goethe. S. 555ff.

Um über diesen Plan den richtigen Aufschluss zu erhalten, muss zuerst geklärt werden, wo sich jener „Sumpf" (V. 11559) befindet, von dem Faust hier im ersten Vers seines Schlussmonologs spricht.

Sumpf im Neuland?

Entgegen anderslautender Vermutungen der Faust-Forschung befindet sich nach Ansicht des Verfassers der im Schlussmonolog erwähnte Sumpf ganz sicher <u>nicht</u> in Fausts bisher gewonnenem Neuland!

- Erstens gibt es dort kein Gebirge („Ein Sumpf zieht am Gebirge hin" (V. 11559)), die höchsten Erhebungen sind „Dünen" (V. 11119) an der alten Küstenlinie. Trunz interpretiert diese Stelle wie folgt: Faust „denkt an noch weit größere *Räume*, wenn er ein Sumpfgebiet ebenfalls entwässert haben wird. (Anscheinend liegt es am Fuße des alten Landes, denn es liegt neben Gebirge, und damit ist doch wohl bergiges Küstengebiet gemeint; das Bild ist, gegen sonstige Goethesche Art, nicht völlig klar; vielleicht spielt hier die Entstehung in verschiedenen Arbeitsperioden mit)."[175] Abgesehen von seiner unzutreffenden Gebirgs-Verortung bemerkt Trunz ganz richtig, dass es gegen die „sonstige Goethesche Art [sei], nicht völlig klar"[176] zu sein – und höchst ungewöhnlich wäre das ausgerechnet auf einem Spezialgebiet Goethes, nämlich dem der Geologie / Geomorphologie sowie der Topographie. Tatsächlich kann es sich hier, wie oben gezeigt, nicht um ein „bergiges Küstengebiet"[177] handeln, sondern nur um eine Flachmeerküste mit einem zunächst flachen, leicht ansteigenden Hinterland, an welches im Landesinneren ein Gebirge angrenzt.
- Zweitens kann in dem „dichtgedrängt bewohnten Raum" (V. 11106), den Philemon mit einem „Garten" (V. 11085) und einem „paradiesisch[en] Bild" (V. 11086) vergleicht, schon längst kein Sumpf mehr vorhanden sein. In dieser Besiedlungsdichte hätte das Vorhandensein eines solchen „faulen Pfuhls" (V. 11561) längst negative gesundheitliche Folgen gezeigt. Meiners hat in seinem Reisebericht – wie oben schon erwähnt – darauf hingewiesen, wie „unzählige Moräste (…) die Luft mit mephitischen Dünsten vergiften"[178] würden. Auf diesen Zusammenhang macht auch der folgende Lexikonartikel aus dem 19. Jahrhundert aufmerksam: „Sumpf, ein Gebiet mit stagnierendem Wasser, das wegen Gegenwart von Schlamm und Vegetation nicht schiffbar ist, aber auch nicht betreten werden kann und niemals austrocknet. (…). Meist sind die

---

175 Faust. Anmerkungen. S. 618
176 Ebd.
177 Ebd.
178 Küster, Hansjörg: Die Entdeckung der Landschaft. S. 128

Sümpfe berüchtigt durch ihre gesundheitsschädlichen Ausdünstungen; kulturfähig werden sie erst, wenn eine Ableitung des stagnierenden Wassers gelingt."[179]

Auch von Philemon, Baucis und Lynkeus, den Bewohnern des Neulandes, die im fünften Akt zu Wort kommen, ist nichts von Sümpfen und deren gesundheitsschädlichen Ausdünstungen zu vernehmen. Also befindet sich hier kein Sumpf in direkter Nähe.

- Drittens muss man bedenken, wo der geplante Entwässerungsgraben angelegt wird. Fausts Palast befindet sich in der Nähe des Anwesens von Philemon und Baucis an der alten Küstenlinie. Bis zum Meer sind es etliche Kilometer. Irgendwo im Neuland soll sich laut irriger Annahmen vieler Autoren jener Sumpf befinden. Es wird bei solchen Vermutungen aber nicht bedacht, dass das Land von der alten bis zur neuen Küste insgesamt leicht abfällt.[180] Die Lemuren sollen aufgrund von Fausts Planung mit der Aushebung des (vermeintlichen) Grabens vor dem Palast beginnen. Ein Entwässerungsgraben aber, der oberhalb eines Sumpfes angelegt wird, könnte seinen Zweck logischerweise nie erfüllen.
- Viertens wird ein solcher Sumpf in den Landschaftsschilderungen von Philemon und Lynkeus nirgends erwähnt.

Segeberg und mit ihm viele andere Autoren sind der Auffassung, dass sich im Neuland jener „Sumpf" (V. 11559) befinde, der dort alles „verpestet" (V. 11560). Fausts neue Pläne seien zum Scheitern verurteilt, weil die Lemuren nicht einen „Graben" (V. 11558), sondern sein „Grab" (V. 11558) schaufelten. Und weil dieser „Pfuhl" (V. 11561) bestehen bleibe, so viele Autoren, sei die Landgewinnung letztendlich obsolet und Faust somit als Unternehmer gescheitert. Nun ist es zwar unstrittig, dass bei Neulandgewinnung Versumpfungen ein Problem darstellen können – allerdings nur in tiefer liegendem Land hinter den Deichen. Wie im Vorigen dargelegt wurde, liegt das neu gewonnene Land aber ganz woanders als jener Bereich, in dem sich laut Text „ein Sumpf (…) am Gebirge hin[zieht]" (V. 11559). Aufgrund ihrer völlig falsche Sumpfverortung bricht jedoch die ganze Argumentationskette von Segeberg und anderen Faust-Interpreten in sich zusammen und muss daher als falsch zurückgewiesen werden.

---

179 Meyers. Bd. 6. Sp. 205
180 Es ist auch möglich, dass neu gewonnenes Land zur Küste hin kein Gefälle aufweist. Selbst dann aber läge Fausts Palast sehr wahrscheinlich auf etwas höherem Niveau.

Sümpfe im Hinterland

Im alten Hinterland muss sich – wie gezeigt – der „Sumpf" (V. 11559) befinden, den Faust entwässern lassen will. Vermutlich ist ein größeres Sumpfgebiet gemeint. Im ganzen Bereich des norddeutschen Tieflands von den Niederlanden bis nach Schleswig-Holstein befinden sich bis hin zur Mittelgebirgsschwelle auch heute noch unzählige, oft großflächige Sumpfgebiete. Es ist geomorphologisch keine Besonderheit, dass sich in einem Feuchtklima in einem nur leicht ansteigenden Gelände zwischen einer Küste und einem Gebirge Sümpfe bilden.

Wenngleich Goethe selbst nie an der Nordsee war, so konnte er sich doch auf seiner italienischen Reise selbst mit eigenen Augen ein Bild von einer ähnlichen Situation machen. Er kam 1787 südöstlich von Rom durch die Pontinischen Sümpfe, in denen schon die Römer Entwässerungsversuche unternommen hatten. Weil Goethe die Situation dort genau erfasste und beschrieb und weil die geographische Gesamtsituation derjenigen im fünften Akt in vielerlei Beziehung gleicht, soll sie an dieser Stelle ausführlich dargestellt werden:

> „Pontinische Sümpfe (…), Sumpflandschaft in der ital. Provinz Rom, Kreis Velletri, erstreckt sich südöstlich von Rom von Cisterna bis Terracina in einer Länge von etwa 45 km bei einer Breite von 10–18 km, hat eine Fläche von etwa 750 qkm und wird südlich und westlich durch Dünen vom Tyrrhenischen Meer getrennt, während sie im O. von den Volsker Bergen (Monti Lepini) begrenzt wird. Das Gebiet bildet eine von N. nach S. nur sehr schwach geneigte Ebene, die dem Wasser ein äußerst geringes Gefälle darbietet und sich allmählich zu einem von der Malaria beherrschten Sumpfland umgestaltet hat. In den ältesten Zeiten der römischen Republik lagen hier 33 Städte; die durch Kriege und wirtschaftliche Not dezimierte Bevölkerung vermochte jedoch die Entwässerung des Bodens nicht mehr zu bewältigen, um so weniger als die Dünenbildung den Abfluß hinderte. Der erste Versuch, das Sumpfland urbar zu machen, wurde wahrscheinlich von Appius Claudius (312 v. Chr.) unternommen, der die nach ihm benannte Heerstraße durch die Sümpfe leitete. Auch Cäsar, Augustus, Trajan, dann Theoderich ließen Arbeiten zu diesem Zweck ausführen, die von mehreren Päpsten, so von Bonifatius VIII. (um 1300), (…) und Pius VI. (1778), aufgenommen wurden. Namentlich der letztgenannte Papst ließ Kanäle und Entwässerungsgräben (…) ziehen und die Appische Straße wieder instandsetzen. Die Arbeiten hatten aber nicht den gewünschten Erfolg. Die aus dem Gebirge kommenden Wasserläufe (Amaseno u. a.), die viel Geröll mit sich führen und plötzlichen Anschwellungen unterliegen, veränderten häufig ihr Bett, traten aus und bildeten mangels genügenden Gefälles fieberschwangere, mit üppigen Wasserpflanzen sich bedeckende Sümpfe. (…) Immerhin gibt es hier auch ausgedehnte

Weiden und nicht unbedeutende Strecken Ackerland, Wald und Gebüsch. Etwa ein Viertel des Bonifizierungsgebietes, das 33,314 Hektar beträgt, ist bis 1897 trocken gelegt worden. Neuerlich hat V. Donat einen Plan zur Entsumpfung des Gebietes veröffentlicht, worin er namentlich peripherische Gräben zur Ableitung des Wassers in das Meer, Festhaltung der Regenmengen im Gebirge, Dammbauten, Pumparbeiten u. a. empfiehlt."[181]

Im 20. Jahrhundert gelang schließlich den Faschisten unter Mussolini die großflächige Entwässerung:

„Im Rahmen einer umfassenden Bonifizierung in den 20er und 30er Jahren (...) wurde das Gebiet trockengelegt und vor allem mit Veteranen des Ersten Weltkrieges sowie Bauernfamilien aus Venetien und der Emilia-Romagna besiedelt. Innerhalb weniger Jahre wurden fünf Städte auf dem Reißbrett geplant und neu errichtet (...). Sie sind Teil des Transformationsprozesses einer Kulturlandschaft von außergewöhnlicher Dimension. Heute ist die pontinische Ebene eine der wichtigsten Agrarregionen Italiens."[182]

Helmut Koopmann kommt in seinem Beitrag „Marschländer vor Sandgebirge" zu dem Schluss, dass es sich bei der Landschaft im fünften Akt des „Faust II" um die Pontinischen Sümpfe handeln müsse, weil alles bis auf die dort fehlenden Linden, die, so stellt er fest, eigentlich „für eine deutsche Landschaft"[183] sprächen, von der Beschreibung her passe: „Wer immer sich an Marschlandschaften oder Sandgebirge erinnert fühlt, sei daran erinnert, daß es eine Landschaft gibt, in der alles das real erscheint, was die Kommentatoren gerne ins Reich der Phantasie schieben möchten. Genauer: Goethe scheint sich hier seiner Reise durch die Pontinischen Sümpfe zu erinnern."[184]

Ganz sicher hat sich Goethe von den dortigen Entwässerungsmaßnahmen inspirieren lassen und Koopmann sieht recht genau die Gemeinsamkeiten. Seiner Verortung des fünften Aktes muss allerdings einiges entgegengehalten werden. So lässt er bewusst (s. o.) die (Winter-)Linden außer Acht, die laut der Verbreitungskarten der Schutzgemeinschaft Deutscher Wald (SDW)[185] in den

---

181   Meyers. Bd. 6. Sp. 150f.
182   Matheus, Ricarda: Die Sümpfe der Päpste. Umweltwahrnehmung und Nutzungskonflikte in der pontinischen Ebene in der Frühen Neuzeit. www.igl. uni-mainz.de/forschung/umweltgeschichte-der-pontinischen-suempfe-in-der-fruehen-neuzeit.html (Abruf: 19.05.2016)
183   Koopmann: Marschländer vor Sandgebirge. S. 89
184   Ebd. S. 88f.
185   Gössinger: Die Linden. Siehe Abb. 3.

Pontinischen Sümpfen nicht vorkommen. Er begründet dies damit, dass sich „in allen Landschaften des *Faust* (…) Heterogenes [findet]. Anders gesagt: es sind fast immer ‚synthetische‘ Landschaften. Doch hier dominiert zweifellos Südliches.“[186] Der Verfasser der vorliegenden Studie vertritt, wie im Kapitel „Methode und Fragestellung der geographischen Deutung“ S. 63f. dargestellt, eine dezidiert konträre Auffassung: nämlich dass Goethes Landschaften stets in allen Einzelheiten geographisch stimmig sind. Sodann stellt Koopmann fest, dass es in den Pontinischen Sümpfen heutzutage immerhin Kanäle gebe, „die dort breit genug sind, um kleinere Kähne passieren zu lassen.“[187] In Fausts Neuland ist jedoch der große Kanal so breit, dass sogar das Überseeschiff von Mephisto bis zu Fausts Palast fahren kann. Außerdem muss darauf hingewiesen werden, dass es an der Küste des Tyrrhenischen Meers anders als im Meer des fünften Akts keine nennenswerten Gezeiten gibt. Die Pontinischen Sümpfe können demnach in „Faust II“ also keinesfalls gemeint sein.

Der geplante Entwässerungsgraben

In den Paralipomena findet man Goethes ersten Entwurf der ersten Verse des Schlussmonologs.[188] In diesen Versen werden die Dimensionen deutlicher, die ihm hinsichtlich des geplanten Entwässerungsgrabens vorgeschwebt haben. Nachfolgend die Stelle sowie der kurze vorangehende Dialog zwischen Faust und Mephisto:

> FAUST
> Mit jedem Tage will ich Nachricht haben
> Wie sich verlängt der ungeheure Graben,
> MEPHISTO / halblaut :/
> Man spricht, wie man mir Nachricht gab,
> Von keinem Graben doch vom Grab
> FAUST
> Dem Graben, der durch Sümpfe schleicht
> Und endlich doch das Meer erreicht.
> Gewinn ich Platz für viele Millionen
> Da will ich unter ihnen wohnen,
> Auf wahrhaft eignem Grund und Boden stehn.[189]

---

186 Koopmann: Marschländer vor Sandgebirge. S. 89
187 Ebd. S. 93
188 Zum Vergleich: Die Verse in der Endfassung sind auf S. 98 und 107 zu finden.
189 Goethe: Paralipomena. V H2. In: Schöne: Faust – Texte. S. 728

Faust spricht hier von einem „ungeheure[n] Graben"[190], der „endlich doch das Meer erreicht."[191] Für die Entwässerung eines Sumpfs im Neuland wäre solch ein Graben völlig überdimensioniert. Die Strecke von der alten Küstenlinie zu der neuen ist ja doch laut Aussage von Philemon im wahrsten Sinn des Wortes überschaubar: „So erblickst du in der Weite/Erst des Meeres blauen Saum" (V. 11103f.).[192] Des Weiteren spricht Faust davon, wie der Graben „durch Sümpfe schleicht."[193] Wie bereits dargelegt, kann es in einem „dichtgedrängt bewohnten Raum" (V. 11106) jedoch gar nicht (mehr) so große Sümpfe geben. Das im fünften Akt des „Faust II" beschriebene Neuland existiert schließlich schon seit Jahrzehnten, und von den genannten „Sümpfen" würde eine so permanente Gefahr durch Krankheiten ausgehen, dass es dort unmöglich eine dichte Besiedlung geben könnte.

In der Endfassung des fünften Akts spricht Faust davon, dass jener „Sumpf (…) am Gebirge" (V. 11559) „alles schon Errungene [verpestet]" (V. 11560). Dabei muss man sich nicht nur grundsätzlich fragen, wie diese Verpestung vonstattengehen könnte (vgl. S. 74), sondern auch, welche Auswirkungen ein einzelner Sumpf auf eine so große Landfläche haben sollte, wie sie Faust gewonnen hat. Im Prinzip ist das in dieser Weise nicht vorstellbar. Nun ist der Verfasser ja dezidiert der Ansicht, dass Goethe im fünften Akt eine bis in alle Einzelheiten geographisch stimmige Landschaft darstellt. Das heißt aber nicht, dass diese Stimmigkeit auch automatisch in allen Äußerungen aller Figuren vorhanden sein müsste. Insbesondere neigt der Protagonist zu Übertreibungen, die sich gelegentlich der Hybris nähern (vgl. S. 74). In diese Reihe ließe sich auch die Formulierung, „alles schon Errungene" (V. 11560) werde durch einen einzigen Sumpf verpestet, einreihen. Man könnte sich dieses so erklären, dass Faust am Ende seines Lebens jedes noch so kleine Detail, das nicht in seine Landesplanung passt, in extremer Weise in seinen Fokus rückt. Gleich bei seinem ersten Auftritt im fünften Akt stört ihn das Läuten der Glocke des Kirchleins von Philemon und Baucis so sehr, dass es sogar die Dimension der „Unendlichkeit" des Geschaffenen in Frage stellt:

---

190 Ebd.
191 Ebd. Mit dem Adverb „endlich" wird die große Länge des Kanals hervorgehoben.
192 Vgl. Kapitel „Raumdimensionen" S. 78.
193 Ebd.

„Vor Augen ist mein Reich unendlich, / Im Rücken neckt mich der Verdruß"
(V. 11153f.). Das Gleiche tritt bald danach sogar noch einmal auf, als ihm
„die wenig Bäume, nicht mein eigen, / (...) mir den Weltbesitz" (V. 11241f.)
verderben. Vor dem Hintergrund dieser Äußerungen sind die von Faust pos-
tulierten negativen Auswirkungen des Sumpfs im Hinterland auf das Neuland im Duktus einer Komplettvernichtung doch sehr relativiert zu sehen.

Wie man sich diesen Entwässerungskanal vorstellen kann, soll wiederum
anhand der Biographie des Dichters veranschaulicht werden. Goethe kam –
wie schon erwähnt – auf seiner italienischen Reise 1787 in die Pontinische
Ebene und hielt in seinem Reisetagebuch Eindrücke fest, die belegen, wie
sehr er nicht nur insgesamt auf die Topographie und Vegetation achtete,
sondern mit seinem Sachverstand insbesondere auch auf die bisher geleiste-
ten Entwässerungsmaßnahmen. Der dort beschriebene Hauptkanal gleicht
dem „ungeheure[n] Graben"[194], den sich Faust wünscht, der als Vorfluter das
Wasser aller in dem Gebiet entwässerten Sümpfe aufnimmt, bis er „endlich
doch das Meer erreicht."

> „Fondi, den 23. Febr. 1787. Schon früh um drei Uhr waren wir auf dem Wege.
> Als es tagte fanden wir uns in den Pontinischen Sümpfen. (...) Man denke sich ein
> weites Tal, das sich von Norden nach Süden mit wenigem Falle hinzieht, ostwärts
> gegen die Gebirge zu vertieft, westwärts aber gegen das Meer zu erhöht liegt.
>
> Der ganzen Länge nach, in gerader Linie, ist die alte Via Appia wieder hergestellt,
> an der rechten Seite derselben der Haupt-Kanal gezogen und das Wasser fließt
> darin gelind hinab, dadurch ist das Erdreich der rechten Seite nach dem Meere zu
> ausgetrocknet und dem Feldbau überantwortet; so weit das Auge sehen kann ist
> es bebaut oder könnte es werden wenn sich Pächter fänden. Einige Flecke ausge-
> nommen die allzutief liegen.
>
> Die linke Seite nach dem Gebirg zu ist schon schwerer zu behandeln. Zwar gehen
> Quer-Kanäle unter der Chaussee in den Haupt-Kanal; da jedoch der Boden gegen
> die Berge zu abfällt, so kann er auf diese Weise nicht vom Wasser befreit werden.
> Man will, sagt man, einen zweiten Kanal am Gebirge herführen."[195]

Dieser Beschreibung folgend wird deutlich, dass Faust einen großen Entwässerungsgraben plant, der einen weiträumigen Sumpf oder eine unbestimmte

---

194 Ebd.
195 Goethe, Johann W.: Italienische Reise. Münchner Ausgabe. Bd. 15. München.
Wien. 1992. S. 216ff.

Anzahl von Sümpfen im Hinterland entwässern soll, um umfangreiche Besiedlungsflächen für „viele Millionen" (V. 11563) zu schaffen (Abb. 4).

Zur Choreographie von Fausts letzten Äußerungen

Direkt nach seiner Erblindung durch die *Sorge* bis zu seinem bald darauffolgenden Tod spricht Faust bemerkenswerterweise ausschließlich von seinem bisherigen Neulandprojekt und seinen künftigen Plänen (V. 11499–586). Die letzten Worte seines Lebens unterstreichen, wie sehr das unternehmerische Wirken der letzten Jahrzehnte zu seinem Lebensthema geworden ist. Erst in seinen letzten sechs Versen kommt er auf ein weiteres Lebensthema zu sprechen, es geht dabei um seine Wette mit Mephisto. Aber auch dieses ihn prägende Geschehen hat am Ende einen Bezug zur Neulandthematik, indem Faust es mit der Vision seines in die Zukunft reichenden neuen Projekts verknüpft.

Die Choreographie dieser seiner Äußerungen ist dadurch bestimmt, dass er zwischen dem Blick auf das bereits Geschaffene und dem auf das künftig noch zu Schaffende insgesamt fünfmal hin und her springt. Diese Sprunghaftigkeit könnte in Fausts hohem Alter begründet sein, zumal auch Vergangenheit, Gegenwart und Zukunft immer wieder ineinander verschmelzen, wie es bei älteren Menschen häufiger als bei jungen vorkommt. Die Deutung dieser Passagen ist deshalb verwickelt, sie erscheint aber in einem klareren Licht, wenn – wie in dieser Studie gezeigt – von einem Neulandprojekt im Hinterland ausgegangen wird. Um die sich daraus ergebende inhaltliche Gliederung besagter Verse aufzuzeigen, werden im Folgenden auch die Textpassagen weitgehend vollständig wiedergegeben.

Es ergibt sich folgende Struktur von Fausts letzten Äußerungen:

1. <u>Fausts Gedanken nach seiner Erblindung</u> (V. 11499–510)

> FAUST, erblindet.
> Die Nacht scheint tiefer tief hereinzudringen,
> Allein im Innern leuchtet helles Licht;   11500
> Was ich gedacht, ich eil' es zu vollbringen;
> Des Herren Wort, es gibt allein Gewicht.
> Vom Lager auf, ihr Knechte! Mann für Mann!
> Laßt glücklich schauen, was ich kühn ersann.
> Ergreift das Werkzeug, Schaufel rührt und Spaten!   11505
> Das Abgesteckte muß sogleich geraten.
> Auf strenges Ordnen, raschen Fleiß

Erfolgt der allerschönste Preis;
Daß sich das größte Werk vollende,
Genügt e i n Geist für tausend Hände.   11510

Kaum erblindet spricht Faust zum ersten Mal von einem künftig zu Schaf-
fenden, das von seinen Untergebenen sogleich in die Tat umgesetzt werden
soll: „Vom Lager auf, ihr Knechte! Mann für Mann!/Laßt glücklich schauen,
was ich kühn ersann" (V. 11503f.). An dieser Stelle konkretisiert er allerdings
sein „kühnes" Vorhaben noch nicht. Arbeiten in dem bisher geschaffenen
Neuland können damit nicht gemeint sein, da er ja direkt vor der Begegnung
mit der *Sorge* festgestellt hat, dass er von dem neu erworbenen „Luginsland"
(V. 11344) alles bereits „schau" (V. 11345) könne. Hinzu kommt, dass er
wohl kaum die Fortsetzung von eventuell nicht durchgeführten Arbeiten
an Deichen, Buhnen oder Kanälen als einen „kühn[en]" (V. 11504) Plan
bezeichnen würde. Seine Bemerkung in V. 11506, dass „das Abgesteckte
(…) sogleich geraten" müsse, kann in zweierlei Hinsicht gedeutet werden.
Man kann es so verstehen, dass die Vermessungsarbeiten bereits abgeschlossen worden sind. Faust hätte demzufolge schon im Vorfeld neue Landes-
planungen durchgeführt und Vorbereitungen getroffen, der entscheidende
Impuls jedoch würde erst jetzt nach der Begegnung mit der *Sorge* erfolgen.
Wahrscheinlicher ist allerdings, dass der Begriff *„Abgesteckte"* im Sinne des
„Abzusteckenden" gemeint ist. Letzterer konnte allerdings nicht verwendet
werden, weil dies zu einer metrischen Veränderung vom jambischen Fünf-
zu einem Sechsheber geführt hätte. Der Blick auf das noch zu Leistende
würde hier bedeuten, dass die Vermessungsarbeiten direkt vor der Grabung
erfolgen. Diese Lesart wird dadurch unterstützt, dass die Lemuren mit ihren
„gespitzten Pfählen" (V. 11519), den Vermessungsstangen, und der „Kette
lang zum Messen" (V. 11520) auch erst unmittelbar vor ihrer Grabung
ordnungsgemäß vermessen wollen.[196] Faust zeigt sich am Ende dieser Passage in bestem Sinn von seinem neuen Vorhaben enthusiasmiert, er erhofft
sich davon den „allerschönsten Preis" (V. 11508), sodass es sich bei seinem
Plan eindeutig nicht um ein kleines Projekt handeln kann. Wie sich später
herausstellt, möchte er einen „Sumpf" entwässern.

---

196 Für die weitere Deutung ist es unerheblich, ob Faust schon länger ein Entwäs-
      serungsprojekt vorschwebt oder ob er durch das plötzlich auftretende innere
      „helle Licht" (V. 11500) im Sinne einer Intuition darauf gestoßen ist.

Im Grunde ist dies eine Parallelstelle zu V. 1224–37 aus „Faust I", in der Faust den Anfang des Johannes-Evangeliums „Im Anfang war das Wort" (V. 1224) in drei Varianten übersetzt, weil er mit dem Begriff „Wort" im Kontext der Bibelstelle nicht zufrieden ist. Seine drei Neuübersetzungen des „Wortes" weisen eine zeitliche und kausale Reihenfolge auf: 1. *Sinn*, 2. *Kraft*, 3. *Tat*. Hier im fünften Akt tauchen diese Begriffe wieder auf, aber dieses Mal nicht dreigeteilt, sondern dreigegliedert im Zusammenhang stehend: Der *Sinn* steckt im neuen Landesplan (Vergangenheit), neue *Kraft* hat Faust gerade gewonnen („e i n Geist für tausend Hände" (V. 11510) – statt wie früher in „Faust I" „nur" die Kräfte der „sechs Hengste" (V. 1824), die Mephisto damals in Aussicht stellte) und führt zur Erteilung des Arbeitsauftrags an die Knechte (Gegenwart), die *Tat* soll so schnell wie möglich folgen (Zukunft). In diesem Kontext kann Fausts Ausspruch „Des Herren Wort, es gibt allein Gewicht" (V. 11502) als das Äquivalent zu „Im Anfang war das Wort" (V. 1224) aufgefasst werden. Diese Zusammenhänge machen deutlich, dass hier von Faust eine große Schöpfungstat beabsichtigt ist.[197]

2. Das Geklirr der Spaten (V. 11539–550)

Großer Vorhof des Palasts
Fackeln.

MEPHISTOPHELES als Aufseher voran.
Herbei, herbei! Herein, herein!
Ihr schlotternden Lemuren (…)

LEMUREN im Chor.
Wir treten dir sogleich zur Hand,   11515
Und wie wir halb vernommen,
Es gilt wohl gar ein weites Land,
Das sollen wir bekommen.

Gespitzte Pfähle, die sind da,
Die Kette lang zum Messen;   11520
Warum an uns der Ruf geschah,
Das haben wir vergessen.

---

197 Es gibt noch eine weitere Parallelstelle. Der Verfasser hat in seiner Dissertation „Besitz und Genuss in Goethes Faust" auf S. 153f. darauf hingewiesen. Nach der letzten Versuchung durch Mephisto in der Szene *Hochgebirg* verwandelt Faust an der Stelle, wo er zum ersten Mal von seinem Neulandprojekt spricht, ebenfalls die Dreiteilung des „Wortes" in eine Dreigliederung.

MEPHISTOPHELES.
(…)
Wie man's für unsre Väter tat,
Vertieft ein längliches Quadrat!
Aus dem Palast ins enge Haus,
So dumm läuft es am Ende doch hinaus.   11530

(…)

FAUST, aus dem Palaste tretend, tastet an den Türpfosten.
Wie das Geklirr der Spaten mich ergetzt!
Es ist die Menge, die mir frönet,   11540
Die Erde mit sich selbst versöhnet,
Den Wellen ihre Grenze setzt,
Das Meer mit strengem Band umzieht.

MEPHISTOPHELES beiseite.
Du bist doch nur für uns bemüht
Mit deinen Dämmen, deinen Buhnen;   11545
Denn du bereitest schon Neptunen,
Dem Wasserteufel, großen Schmaus.
In jeder Art seid ihr verloren; -
Die Elemente sind mit uns verschworen,
Und auf Vernichtung läuft's hinaus.   11550

In der folgenden Szene tauchen im *großen Vorhof des Palasts* Mephisto und
die Lemuren auf (V. 11511–538). Als Faust gleich darauf aus dem Palast tritt,
erfreut er sich an dem „Geklirr der Spaten" (V. 11539).[198] Seine Verse kann
man in zweierlei Hinsicht deuten. Entweder er erinnert sich bei dem „Geklirr
der Spaten" an die Knechte, die früher an seinen Deichen usw. gearbeitet
haben, d. h. er blickt in die Vergangenheit, sie ist ihm aber im Moment so
präsent, dass er auch das Tempus Präsens verwendet. Dann könnten für ihn
die anwesenden vermeintlichen Arbeiter mit den „klirrenden Spaten" schon
am Ausheben des Entwässerungsgrabens tätig sein. Diese Deutung soll *Fall 1*
genannt sein. Oder aber Faust ist der Meinung, dass es sich hier noch aktuell
um weitere Arbeiten an den vorhandenen Deichen handelt (*Fall 2*), sodass
das Tempus tatsächlich das gegenwärtige Erleben meint: „Es ist die Menge, die (…)/Den Wellen ihre Grenzen setzt,/Das Meer mit strengem Band

---

198 Dass Faust an dieser Stelle einer akustischen Täuschung unterliegt (Lemuren
      statt Arbeiter), spielt im Zusammenhang mit der hier behandelten Frage für
      die weiteren Überlegungen keine Rolle.

umzieht" (V. 11540–43). Die Deiche an der Küste wären jedoch zu weit weg, als dass dort durchgeführte Spatenarbeit vor dem Palast noch hörbar wäre. Bei dieser Deutung müsste man dann an (Ausbesserungs-)Arbeiten an dem in der Nähe befindlichen Kanal mit seinen Dämmen denken. Für diese wahrscheinliche These spricht auch, dass Mephisto sich in seinem direkt anschließenden (für Faust nicht hörbaren) Beiseitesprechen ausschließlich auf den Deichbau („deine Dämme, deine Buhnen" (V. 11545)) bezieht. Außerdem scheint er den Lemuren „ein weites Land" (V. 11517) versprochen zu haben, das sich auf das vorhandene Neuland beziehen muss.

Faust ist hier in seiner Wahrnehmung zwar ganz in der Gegenwart, wird aber durch das „Geklirr der Spaten" an das Geschaffene erinnert.

3. Fausts Neulandprojekt im Hinterland (V. 11551–562)

FAUST. Aufseher!

MEPHISTOPHELES. Hier!

FAUST.   Wie es auch möglich sei,
Arbeiter schaffe Meng' auf Menge,
Ermuntere durch Genuß und Strenge,
Bezahle, locke, presse bei!
Mit jedem Tage will ich Nachricht haben,   11555
Wie sich verlängt der unternommene Graben.

MEPH. halblaut. Man spricht, wie man mir Nachricht gab,
Von keinem Graben, doch vom Grab.

FAUST. Ein Sumpf zieht am Gebirge hin,
Verpestet alles schon Errungene;   11560
Den faulen Pfuhl auch abzuziehn,
Das Letzte wär' das Höchsterrungene.

Unmittelbar nach dem Hören des „Geklirrs der Spaten" (V. 11539) ruft Faust den Aufseher (Mephisto), er möge Arbeiter heranschaffen, die den „unternommenen Graben" (V. 11556) vorantreiben sollen. Ganz eindeutig handelt es sich hierbei nicht mehr um die vermeintlichen Arbeiten an den Deichen oder Ähnlichem, sondern um das Projekt, welches der Entwässerungsgraben ermöglichen soll.

Wenn Faust der Meinung ist, dass die (vermeintlichen) Arbeiter mit den „klirrenden Spaten" mit Deicharbeiten oder Ähnlichem zugange sind (*Fall 2*), klingt es logisch, dass er vom Aufseher Arbeiter wünscht, die sich <u>parallel</u> an den „unternommenen Graben" (V. 11556) machen. Bei dieser Deutung aber wäre die Ansicht vieler Faust-Interpreten obsolet, die Faust als einen Illusionisten hinstellen, der nicht bemerke, dass die Lemuren sein Grab schaufeln und nicht den Entwässerungsgraben. Die beiden Verse 11557f. von Mephisto („Man spricht, wie man mir Nachricht gab,/Von keinem Graben, doch vom Grab") wären bei dieser Deutung ein bloßes Wortspiel und hätten keinen Bezug zum Grabausheben der Lemuren.

Wenn dagegen Faust der Ansicht ist, dass die vermeintlichen Arbeiter mit den „klirrenden Spaten" bereits mit dem Entwässerungsgraben beschäftigt sind (*Fall 1*), dann fordert er den „Aufseher" auf, zusätzliche Arbeiter herbeizuschaffen. Es stellt sich dabei die Frage, wie der blinde Faust hätte erkennen können, dass die Anzahl der bereits Arbeitenden nicht ausreichte.

Fausts Konzentration auf sein neues Vorhaben zieht sich in der nur kurz von Mephisto unterbrochenen Rede unmittelbar in Fausts folgenden Schlussmonolog hinein, wo von dem Abziehen des „faulen Pfuhls" (V. 11561) die Rede ist, der als „Letztes (…) das Höchsterrungene" (V. 11562) wäre. Erst jetzt konkretisiert sich der Plan.

Auch hier ist der Blick in die Zukunft gerichtet.

4. Fausts abschließender Blick auf das Geschaffene (V. 11563–568)

FAUST. Eröffn' ich Räume vielen Millionen,
Nicht sicher zwar, doch tätig-frei zu wohnen.
Grün das Gefilde, fruchtbar; Mensch und Herde   11565
Sogleich behaglich auf der neusten Erde,
Gleich angesiedelt an des Hügels Kraft,
Den aufgewälzt kühn-emsige Völkerschaft.

Direkt danach, ab V. 11563, blickt Faust wieder auf das bereits Geschaffene. Dabei enthält dieser Übergangsvers ein grammatikalisches Problem: „Eröffn' ich Räume vielen Millionen". Das aus metrischen Gründen durch den Apostroph verkürzte Verb „eröffn" kann als das futurische Präsens „eröffne" aufgefasst werden, aber dann wäre die nachfolgende Passage nicht verstehbar, in der Faust eindeutig das bisher geschaffene Neuland beschreibt. Mit einer Futurbedeutung würde Faust unsinnigerweise erneut das Gleiche schaffen wollen. Wirklich Sinn macht das „eröffn" nur, wenn man es als das Präteritum „eröffnete" liest. Faust blickt demnach bis V. 11568 auf die erfolgreiche Genese des schon existierenden Neulands zurück und damit in die Vergangenheit.

5. Die Erweiterung der Wette auf die Gemeinschaft – Die Utopie (V. 11569–586)

FAUST. Im Innern hier ein paradiesisch Land,
Da rase draußen Flut bis auf zum Rand, 11570
Und wie sie nascht, gewaltsam einzuschießen,
Gemeindrang eilt, die Lücke zu verschließen.
Ja! diesem Sinne bin ich ganz ergeben,
Das ist der Weisheit letzter Schluß:
Nur der verdient sich Freiheit wie das Leben, 11575
Der täglich sie erobern muß.
Und so verbringt, umrungen von Gefahr,
Hier Kindheit, Mann und Greis sein tüchtig Jahr.
Solch ein Gewimmel möcht' ich sehn,
Auf freiem Grund mit freiem Volke stehn. 11580
Zum Augenblicke dürft' ich sagen:
Verweile doch, du bist so schön!
Es kann die Spur von meinen Erdetagen
Nicht in Äonen untergehn. -
Im Vorgefühl von solchem hohen Glück 11585
Genieß' ich jetzt den höchsten Augenblick.

Im Folgenden hebt Faust ab V. 11570 hervor, dass das Neuland der Gefahr der Zerstörung unterliegt. Das ist notwendig, um die Situation, in der er sich selbst seit seiner vor Jahrzehnten abgeschlossenen Wette mit Mephisto befindet, nämlich im Fall der Einlösung der Wettbedingungen seine Seele zu verlieren, auf die Situation der Gemeinschaft zu erweitern, die stets der Existenzbedrohung durch die Sturmflut gewärtig sein muss. Faust ebenso wie die Gemeinschaft im Neuland „verdien[en] sich Freiheit wie das Leben" (V. 11575), wenn sie jene „täglich (…) erobern" (V. 11576) müssen. Diese Betrachtung umfasst die Vergangenheit ebenso wie die Gegenwart und Zukunft.

– – –

In dieser Lesart der hier beschriebenen Äußerungen aus Fausts letzten Lebensmomenten wären alle Zeitebenen anwesend:

Vor der Erblindung war Faust ausschließlich mit dem bisher geschaffenen Neulandprojekt beschäftigt. Nach der Erblindung steht der Schöpfungsprozess im Vordergrund, der Vergangenheit, Gegenwart und Zukunft umfasst (1.). Danach lenkt das „Geklirr der Spaten" Fausts Blick kurzzeitig zurück auf das Geschaffene (2.), darauf wieder in die Gegenwart des Grabens und von dort zum Projektplan der Zukunft am Beginn des Schlussmonologs (3.). Noch einmal erfolgt im Fortgang des Schlussmonologs nach den ersten vier

Versen ein Blick in die Vergangenheit (4.), dem dann die Betrachtung der Gegenwart und der Utopiegedanke für die Zukunft folgen (5.): Zuerst spricht Faust von dem geschaffenen Neuland, dann von der stets aktuellen Gefahr der Sturmflut und danach von der Zukunft „Solch ein Gewimmel möcht' ich sehn" (V. 11579). Am Schluss seines Lebens steht nicht nur der ganze Raum vor Fausts innerem Auge (Neuland und Hinterland), sondern in komprimierter Form auch die gesamte Zeit (Vergangenheit, Gegenwart, Zukunft).

Resümee der geographischen Deutung des fünften Akts

Die „offene Gegend" des fünften Akts ist Teil einer Großlandschaft von der Meeresküste bis hin zu einem Gebirge und gleicht von ihrem Aufbau und Charakter her dem norddeutschen Tiefland. Für Goethe ist offensichtlich die reale Verortung nicht evident, sonst hätte er mit topographischen Namen für Deutungssicherheit gesorgt. Nichtsdestotrotz kann diese reale Landschaft als Folie dienen, um die geographisch bis in alle Einzelheiten stimmige real-imaginäre Landschaft des fünften Akts zur Anschauung zu bringen. Die möglichen topographischen Verhältnisse dieser Landschaft sind hier in einer Übersichtskarte (Abb. 4) anschaulich dargestellt.

Die geographische Deutung dieser räumlichen Gegebenheiten, die im fünften Akt aufgrund der dramaturgischen Verhältnisse nur in Andeutungen beschrieben werden, lässt nach allem Dargelegten keinen anderen Schluss zu: Fausts Projekt der Neulandgewinnung aus dem Meer ist abgeschlossen, seine jahrzehntelange Arbeit war entgegen der bislang vorherrschenden germanistischen Deutungen keinesfalls umsonst, vielmehr hat er als unternehmerischer Herrscher-Besitzer tatsächlich ein „paradiesisch" (V. 11086) Land geschaffen.

Vor dem Hintergrund dieser Betrachtung muss von sämtlichen Interpretationsansätzen Abstand genommen werden, die Faust im fünften Akt des zweiten Teils als gescheiterten Illusionisten sehen, dessen Taten am Lebensende rückblickend ausschließlich als verwerflich und vergeblich zu beurteilen sind. Ganz im Gegenteil: Er wendet seinen Blick kurz vor seinem Tod noch aktiv einem neuen und sinnvollen Projekt zu, nämlich einer weiteren Neulandgewinnung im Hinterland durch Entwässerung der dort vorhandenen Sumpfgebiete, und muss deshalb insgesamt als erfolgreicher Unternehmer eingestuft werden.

Abb. 4: Fausts Landgewinnungsprojekte

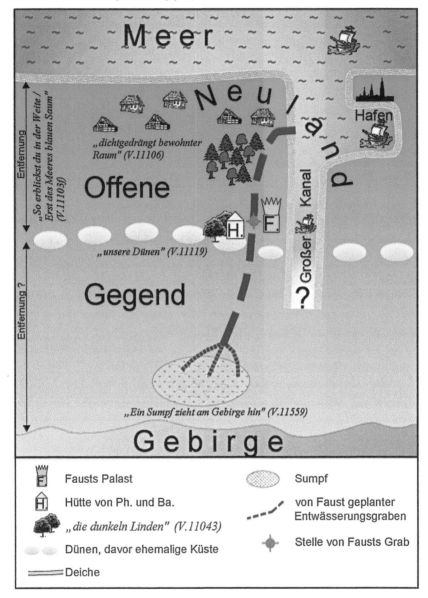

Meer

Neuland

Hafen

"dichtgedrängt bewohnter Raum" (V.11106)

Offene

"So erblickst du in der Weite / Erst des Meeres blauen Saum" (V.11105f)

Entfernung

Großer Kanal

Gegend

Entfernung ?

"unsere Dünen" (V.11119)

H. F.

?

"Ein Sumpf zieht am Gebirge hin" (V.11559)

Gebirge

F. Fausts Palast		Sumpf
H. Hütte von Ph. und Ba.		von Faust geplanter Entwässerungsgraben
"die dunkeln Linden" (V.11043)		
Dünen, davor ehemalige Küste		Stelle von Fausts Grab
Deiche		

101

Die beiden Hundertachtzig-Grad-Wenden

Im „Faust" gibt es viele Stellen, an denen Goethe zwischen einzelnen Szenen Bezüge herstellt. Aufgrund der hier in dieser Studie veranschaulichten geographischen Deutung der Landschaftsverhältnisse des fünften Akts lässt sich von den Szenen, die im Neuland spielen, ein solcher vorwärts gewandter Bezug zur nächsten Szene *Bergschluchten* herstellen.

Faust hat sich über einen langen Zeitraum vornehmlich mit der Landschaft vor seinem Palast beschäftigt. Nachdem er sich den Platz bei den Linden, den Platz auf dem „Hügel" der „Freiheit"[199], erobert hat, spricht er davon, dass „ein Luginsland (…) bald errichtet [sei], / Um ins Unendliche zu schaun" (V. 11344f.). Kurze Zeit später wird er durch die *Sorge* zwar äußerlich blind, aber innerlich sehend. Nun wendet er den imaginären Blick um hundertachtzig Grad und schaut weg von dem in der Vergangenheit geschaffenen Neuland hin zu der Landschaft hinter seinem Palast, in der das für die Zukunft geplante Neuland liegt und blickt auf den zur „offene[n] Gegend"[200] gehörenden Teil des Hinterlands, der am Gebirge endet.

Auch seine innere Haltung zu seiner Art des Besitzens und Herrschens ändert sich um hundertachtzig Grad, wie die utopische Sequenz des Schlussmonologs zeigt. Faust, für den das Herrschen längst selbstverständliche Lebensgewohnheit geworden ist und der sich wie ein „Quasi-Kaiser" verhält, träumt plötzlich (nach der Einnahme des „Hügels der Freiheit") von einem „freien Grund mit freiem Volke" (V. 11580). Offensichtlich rückt er in dieser Vision wenige Sekunden vor seinem Tod von seinem unbedingten Herrscherstreben ab.

Der Szenentitel *Offene Gegend* lässt sich vor diesem Hintergrund nun leicht im doppelten Sinn deuten. Zum einen meint er die topographische Situation, zum anderen einen Bereich, in dem die Menschen offen für Neues sind. Zum Gestalten dieser „offenen" Landschaft bleibt Faust biographisch jedoch keine Zeit mehr. Imaginär erblickt er jenseits dieser „offenen Gegend" in der Ferne jenes „Gebirge" hinter dem „Sumpf". In diesem Gebirge befinden sich die „Bergschluchten", in welchen Fausts neuer „Lebens"-Weg in den Himmel (dem Neuland nach dem Tod) beginnen wird – kaum dass

---

199 Vergl. Gössinger: Die Linden.
200 Faust. S. 333. Szenentitel.

die Worte seines Schlussmonologs verklungen sind. Damit erfüllt sich sein oben genannter Wunsch, „ins Unendliche zu schaun" (V. 11345), allerdings im übertragenen Sinne und anders, als er sich das zunächst gedacht hat. Das Sehen mit physischen Augen ist ihm versagt, stattdessen metamorphosiert sich sein Sehen durch die Blindheit hindurch in ein inneres lichtvolles Schauen, das sich imaginär-transzendierend den „Bergschluchten" zuwendet. Nach dem physischen Tod verwandelt es sich während des Aufstiegs in den Himmel in ein neues Schauen, das bis zu „höhern Sphären" (V. 12094) reichen wird.

Die Profilansicht des Großraums in Abb. 5 verdeutlicht die beschriebene innere und äußere Hundertachtzig-Grad-Wende am Ende von „Faust II".

Abb. 5: Profil des Großraums im fünften Akt

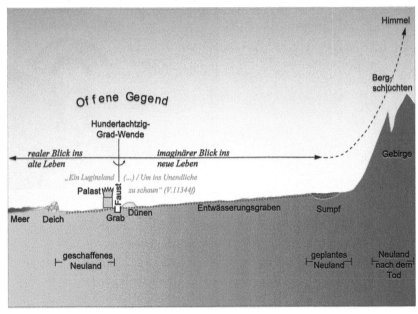

Nicht nur am Ende von „Faust II", sondern auch am Anfang gibt es eine Hundertachtzig-Grad-Wende. Da sie ebenso innerlich wie äußerlich vollzogen wird, die geographische Situation dabei eine wesentliche Rolle spielt und sie zudem mit der Hundertachtzig-Grad-Wende am Ende in einem inneren und äußeren Zusammenhang steht, soll sie hier näher beschrieben werden.

In der *Anmutigen Gegend*, der ersten Szene von „Faust II", erwacht Faust nach seinem Heilschlaf in einem Bergtal und beobachtet den Sonnenaufgang. Er wird jedoch von den immer stärker werdenden Sonnenstrahlen geblendet, sodass er sich abwenden muss. Daraufhin dreht er sich um hundertachtzig Grad und sieht einen Regenbogen, der durch die morgendlichen Sonnenstrahlen und die Gischt eines Wasserfalls gebildet wird. Die Geometrie dieser Situation ist notwendig, weil der Betrachter stets so zum Regenbogen stehen muss, dass sich die Sonne genau in seinem Rücken befindet (siehe Abb. 6).

Abb. 6: Profil der Anmutigen Gegend im ersten Akt

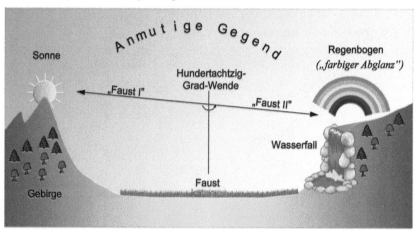

Aber auch innerlich wendet sich Faust in dieser Szene um hundertachtzig Grad. Die direkte Anschauung des Höchsten, der Sonne, ist ihm physisch verwehrt. Dieses Geschehen erinnert sehr konkret an sein Abwenden in „Faust I" vom Anblick des Erdgeists, den Faust als „Flammenbildung" (V. 499) erlebt. Am Ende von „Faust I" hat Faust durch seine Taten eine Menge Schuld auf sich geladen. Die Erinnerung an die eigenen schwerwiegenden Untaten ist für viele Menschen im weiteren Lauf ihres Lebens schmerzvoll, aber Faust erscheint davon durch den Heilschlaf zu Beginn von „Faust II" wie befreit. Er ist aber nun einen Moment lang durch die Sonnenstrahlen „vom Augenschmerz durchdrungen" (V. 4703), sodass dieser Blick in die Sonne auch wie ein letzter schmerzvoller Erinnerungsmoment und ein endgültiges Abwenden von „Faust I" gesehen werden kann. Die sich an das Abwenden anschließende Hundertachtzig-Grad-Wende stellt ein Zuwenden in Richtung auf das Neue, die Zukunft, dar, die in „Faust II" folgen wird. Faust erkennt in dem Symbolhaften der Regenbogensituation, dass der Mensch „am farbigen Abglanz (…) das Leben" (V. 4727) hat. Daraus wird das Motto für den ganzen „Faust II". In dem Regenbogen ist symbolhaft der ganze Bogen um „Faust II" aufgespannt. Er enthält alle Farben des Spektrums wie auch Faust in „Faust II" das ganze Spektrum der „großen Welt" kennenlernt und mitgestaltet. Es gibt auch noch einen zweiten Bogen, der mit dem Regenbogen zusammenhängt. Schon zu Beginn von „Faust II" stellt der *vergängliche* Regenbogen ein wesentliches konkretes Beispiel für ein *Gleichnis* dar, von welchem der *Chorus Mysticus* am Ende von „Faust II" in Form einer großartigen Himmelsbotschaft spricht: „Alles Vergängliche / Ist nur ein Gleichnis" (V. 12104f.).

Die Vision am Schluss

Eine besondere Bedeutung kommt Fausts letzten Worten vor seinem Tod zu:

Schlussmonolog („Teil 2 "), Verse 5–22

Eröffn' ich Räume vielen Millionen,
Nicht sicher zwar, doch tätig-frei zu wohnen.
Grün das Gefilde, fruchtbar; Mensch und Herde
Sogleich behaglich auf der neusten Erde,
Gleich angesiedelt an des Hügels Kraft,
Den aufgewälzt kühn-emsige Völkerschaft.
Im Innern hier ein paradiesisch Land,
Da rase draußen Flut bis auf zum Rand,
Und wie sie nascht, gewaltsam einzuschießen,
Gemeindrang eilt, die Lücke zu verschließen.
Ja! diesem Sinne bin ich ganz ergeben,
Das ist der Weisheit letzter Schluß:
Nur der verdient sich Freiheit wie das Leben,
Der täglich sie erobern muß.
Und so verbringt, umrungen von Gefahr,
Hier Kindheit, Mann und Greis sein tüchtig Jahr.
Solch ein Gewimmel möcht' ich sehn,
Auf freiem Grund mit freiem Volke stehn. (V. 11563–580)

Es gibt wohl kaum eine Passage im „Faust", die so kontrovers diskutiert wird. Vornehmlich liegt dies daran, dass sie mit Recht nicht isoliert von dem vorherigen Geschehen gesehen werden kann, dabei aber in ihrem Duktus sich davon doch gänzlich unterscheidet. Autoren wie Gaier interpretieren den Schlussmonolog (im Gesamten) deshalb vor dem Hintergrund ihrer Analyse der vorangegangenen Szenen, in denen Faust sich gewaltbereit und verblendet gezeigt habe: „Wie Faust hier sein Leben umdichtet, um es leicht, nonchalant und deshalb umso genialer aussehen zu lassen, so dichtet er auch seine Schlussvision: Das Land ist nicht paradiesisch, ein Sumpf verpestet das Ganze, und der Entwässerungsgraben ist erst geplant."[201]

Faust scheitert nach Ansicht vieler Autoren durch und durch, und so wird auch der Utopieentwurf am Ende nicht ernst genommen. Bei Segeberg führt dies zu einer radikalen Abrechnung mit Faust und denjenigen Interpreten,

---

201 Gaier: Fausts Modernität. S. 54

die dem Schlussmonolog etwas Positives abgewinnen: „Den vom Klappern 'schlotternder Lemuren' (V. 11512) im Stile einer Tonmontage akustisch überblendeten Schlussmonolog des erblindeten Faust zur in sich homogenen Sozialutopie eines technisch-industriellen 19. oder gar 20. Jahrhunderts zu verkürzen, gehört (…) bis heute zu den auf ihre Art beeindruckenden Glanzleistungen ideologisch erblindeter Lektüre-Borniertheit."[202]

Gerhard Kaiser bringt seine Kritik am sterbenden Faust noch mit einer anderen Nuancierung zum Ausdruck, indem er ihn „als Fortschritts-Phantast [bezeichnet], der sich selbst zum Opfer fällt. Nicht nur die Revolution, auch die selbstläufig gewordene technisch-industriell-ökonomische Umwälzung verschlingt ihre Väter, die fast alles können, aber nicht wissen, was sie tun."[203] In die gleiche Kerbe schlugen unlängst Knortz / Laudenberg: „Fausts Vision von einem ‚paradiesisch Land', als dessen (geistiger) Schöpfer er sich fühlt, entbehrt jeder ökonomischen Überlegung."[204]

An dieser Stelle sei noch einmal auf Goethes Aussage (laut Eckermann Anfang März 1832 wenige Tage vor seinem Tod) hingewiesen: „Ich hasse alle Pfuscherei wie die Sünde, besonders aber die Pfuscherei in Staatsangelegenheiten, woraus für Tausende und Millionen nichts als Unheil hervorgeht."[205] Es ist wohl keine überzeichnete Deutung, wenn man davon ausgeht, dass Goethe ebenso Pfuscherei in der Wirtschaft hasste (die ja sowieso zum Teil auch Staatsangelegenheit war und ist). Wenn Faust-Interpreten dem Protagonisten am Ende dessen Lebens pauschal Pfuscherei vorwerfen wollen, dann müssten sie, abgesehen von der hier vorgelegten geographischen Deutung, die das Gegenteil beweist, auf zwei Fragen Antwort geben können: 1. Wenn Goethe Pfuscherei in Staatsangelegenheiten so sehr hasste, warum sollte er dann ausgerechnet seine wichtigste literarische Figur erst erfolgreich sein, dann aber zum Schluss als Pfuscher enden lassen? 2. Wieso sollte Goethe im „Faust", in dem es ja nur wenige Hauptpersonen gibt, gleich zwei Pfuscher in Staatsangelegenheiten vorführen, nämlich Faust und den Kaiser? Von

202 Segeberg: Diagnose und Prognose des technischen Zeitalters im Schlussakt von „Faust II". S. 68
203 Kaiser: Ist der Mensch zu retten? S. 64
204 Knortz / Laudenberg: Goethe, der Merkantilismus und die Inflation. S. 147
205 Eckermann: Gespräche mit Goethe. S. 476. Vgl. Kapitel „Goethes finanzökonomische Tätigkeiten" S. 14f.

der Dramaturgie her würde der Kaiser als negativ gezeichnete Kontrastfigur doch völlig ausreichen!

In jüngerer Zeit kam von der Öffentlichkeit beachtet eine Diskussion zweier prominenter Autoren über Aspekte des Schlussmonologs und der vorangehenden Szenen auf. In seiner Goethe-Biographie geht Rüdiger Safranski auch auf den fünften Akt ein, in welchem wir seiner Ansicht nach „Zeuge einer makabren Selbsttäuschung"[206] würden, in dem Goethe „drastisch [zeige], wie elend Faust hier endet"[207], er „einem schlimmen Mißverständnis"[208] unterliege und „Fausts vorläufiges Ende vor dem allerletzten Ende (…) ziemlich erbärmlich"[209] sei. Diese Szene sei „von sardonischer Ironie."[210] Es seien „Szenen des Untergangs des Großunternehmers Faust."[211] Sahra Wagenknecht äußert in ihrer Rezension von Safranskis Goethe-Biographie in der FAZ vom 27.10.2013 gerade an dieser Stelle eine berechtigte Kritik: „Safranski findet, wie viele Rezensenten vor ihm, „Fausts" Ende ‚erbärmlich'. Das ist eine der wenigen Werkinterpretationen in seinem Buch, die mir schlecht begründet scheinen. Faust entwirft in seinem großen Schlussmonolog eine Zukunftsgesellschaft, die nicht mehr von Arbeitssklaven oder nützlichkeits-fanatischen Homines oeconomici, sondern von freien und souveränen Menschen bevölkert wird. Mit Blick auf diese Zukunftshoffnung genießt er ‚seinen höchsten Augenblick'. Ausgangspunkt von Fausts Überlegungen und deren Begleitmusik sind die Spatenklänge der Lemuren, die an Fausts Grab arbeiten, während der Erblindete glaubt, sein Dammbauprojekt würde vorangetrieben. Die Szene ist grotesk, vielleicht auch tragisch, aber erbärmlich? Fausts letzte Worte sind eine Liebeserklärung an die Menschheit, während Halbtote unter Mephistos Oberbefehl damit beschäftigt sind, sein Grab zu schaufeln."[212]

---

206 Safranski: Goethe – Kunstwerk des Lebens. S. 620
207 Ebd.
208 Ebd.
209 Ebd. S. 621
210 Ebd.
211 Ebd.
212 Wagenknecht, Sahra: Die Gefahren einer durchkommerzialisierten Gesellschaft sah Goethe vor Marx. In: Frankfurter Allgemeine Zeitung vom 27.10.2013. www.faz.net/aktuell/feuilleton/buecher/themen/sahra-wagenknecht-liest-safranski-goethe-sah-die-gefahren-einer-durchkommerzialisierten-gesellschaft-vor-marx-12635571.html (Abruf: 19.05.2016)

Wagenknecht zählt zu den wenigen zeitgenössischen Autoren, die in Fausts Utopieentwurf etwas Berechtigtes sehen. Ein kleiner Einwand sei an dieser Stelle formuliert: Das „Dammbauprojekt", von dem Wagenknecht spricht, ist nach Ansicht des Verfassers zum Zeitpunkt des Schlussmonologs längst vollendet, Faust strebt nun ein neues „Entwässerungsprojekt" an.

Nachdem Faust in seinem Schlussmonolog („Teil 1") zunächst von seinem neuen Projekt gesprochen hat, richtet er nun wieder den Blick auf das Ganze. Er überwindet in seinen letzten Sätzen seine bisherige Anschauung um hundertachtzig Grad, wie es im Kapitel „Die beiden Hundertachtzig-Grad-Wenden" S. 102ff. beschrieben ist, und entwirft die Utopie einer „tätig-freien" (V. 11564) Gemeinschaft. Es handelt sich dabei um eine Gemeinschaft von Menschen, die frei sind, die also auch nicht mehr einem „Herrscher-Besitzer" gehören. Schöne hat diesbezüglich in seinem Faust-Kommentar eine überzeugende Argumentation dargelegt. Viermal tauchen „frei" und „Freiheit" in Fausts letzten Worten auf. Die Doppelung in V. 11580 („Auf freiem Grund mit freiem Volke") spielt eine besondere Rolle, weil von Goethe in den Paralipomena verschiedene Versionen dieser Stelle erhalten geblieben sind. Nach Schöne lautet die erste Fassung (H²) „Auf eignem Grund und Boden stehn."[213] Hier spricht immer noch der Herrscher-Besitzer. Goethe hat laut Schöne über dieser Zeile ein weiteres Wort eingebracht, sodass die zweite Fassung von H² lautet: „Auf wahrhaft eignem Grund und Boden stehn."[214] Schöne interpretiert die Hinzufügung in der Weise, dass damit erst das Wahrhafte der Lehensunabhängigkeit vom Kaiser ausgesagt sei. In der dritten Fassung (H) kommt der Freiheitsaspekt erstmals hinzu: „Auf wahrhaft freyem Grund und Boden stehn."[215] „Der Aspekt von Herrschaft und Eigentum [tritt] offensichtlich in den Hintergrund."[216] Bei der vierten und letzten Fassung wird das „*wahrhaft* gestrichen, ebenso das eigentumsbezogene *und Boden*"[217]: „Auf freyem Grund mit freyem Volke stehn."[218]

---

213 Schöne: Faust – Kommentare. S. 745
214 Ebd. S. 746
215 Ebd.
216 Ebd.
217 Ebd. S. 747
218 Ebd.

Schöne hat hinsichtlich dieser letzten Fassung darauf hingewiesen, dass „vom *Volke* (…) hier gewiß nicht im Sinn von Nation und im Hinblick auf die Souveränität des Volkes die Rede"[219] sei. Goethe habe „bezeichnenderweise im Zusammenhang von Wasserbautechnik und Landgewinnung"[220] über die „alten Deichbauer an der Nordseeküste (»z. B. von Dimarsen und dem Lande Wursten«)"[221] das Folgende gelesen:

> „Sie waren freie Völker, und hat je ein Volk Recht zur Freiheit; hat je eine Eroberung Recht zum ungekränkten Besiz der eingenommenen Wohnsize gegeben, so waren es diese über das Meer gemachte Eroberungen, diese Zueignung eines Geschenks, das man aus den Händen der Natur genommen, und durch eine andern Völkern unbekannte Kunst zu benuzen gelernt hatte."[222]

Sicherlich wusste Goethe auch über die Friesen und deren rätselhaften gewaltigen Deichbau in der Mitte des 13. Jahrhunderts Bescheid (siehe Kapitel „Neulandgewinnung am Beispiel der Nordsee" S. 79). Küster beschreibt die Friesen in einer Weise, wie man sich hier ganz ähnlich das „freie Volk" (V. 11580) vorstellen kann:

> „Vielleicht war es das ungewöhnliche Gemeinwesen der Friesen, das das gigantische Unternehmen des Deichbaus [im 13. Jh.] möglich machte. Denn dort konnte das in Mitteleuropa sonst weithin übliche Feudalsystem nicht Fuß fassen. Die Friesen waren ein freies Volk; es wird sogar behauptet, ihr Name leite sich von ihrer Freiheit ab. Friesen verbanden sich zu Genossenschaften (…), trafen sich zu Ratsversammlungen (…), um dort ihre Angelegenheiten zu regeln und sich zu besprechen. Aus diesem genossenschaftlichen Geist heraus, so kann man vermuten, wurde das Deichbauwerk geplant und vollendet."[223]

Das „freie Volk" (V. 11580) ist gemeinsam sinnvoll tätig, d. h. in diesem Kontext in erster Linie wirtschaftlich. Hier wird das Bild eines Wirtschaftssystems skizziert, das keine Planwirtschaft ist, weil die Menschen frei sein sollen, und das keine reine Marktwirtschaft ist, weil sie miteinander wirtschaften und nicht gegeneinander. Dieses Miteinander wird in Fausts letzten

---

219 Ebd. S. 748
220 Ebd.
221 Ebd.
222 Büsch, Johann G.: Praktische Darstellung der Bauwissenschaft, Uebersicht des gesamten Wasserbaues; 1. Reihe: Versuch einer Mathematik zum Nuzzen und Vergnügen des bürgerlichen Lebens; 3,2. Hamburg. 1796. S. 117
223 Küster: Nordsee. S. 61

Worten sehr betont. Die Gemeinschaft ist nämlich aufgerufen, sich des ständigen Andrangs des Meeres zu erwehren. Sie muss stets wachsam bleiben, denn „nur der verdient sich Freiheit wie das Leben, / Der täglich sie erobern muß" (V. 11575f.). Was sich in der Wette zwischen Faust und Mephisto ausdrückt, dass sich Faust der ständigen Gefahr aussetzt, durch Nicht-Tätigkeit mit dem Verlust seiner Seele bestraft zu werden, wird hier auf eine ganze Gemeinschaft von Menschen übertragen: Ihr droht Verlust der Existenz, wenn die notwendige gemeinsame Tätigkeit nachlässt.

Goethe lässt am Ende von „Faust II" seinen Protagonisten nur Ideale skizzieren, die Utopie bleibt recht unbestimmt. Ein von Humanismus erfülltes ökonomisches System hat Goethe mehr in seinem anderen großen Spätwerk „Wilhelm Meister" angedeutet. Im Grunde ruft Faust in seinem Schlussmonolog die nach ihm Kommenden auf, an einer menschengemäßen Wirtschaftsform zu arbeiten. Dass dies nicht so ganz einfach ist, lässt sich bis in die Gegenwart beobachten: Die Planwirtschaft ist historisch, in den Marktwirtschaften vieler Länder kriselt es immer wieder, es sei lediglich auf die Finanzkrise 2007/08 verwiesen.

Während der längste Teil des Schlussmonologs einzig von seinen wirtschaftlich-politisch-gesellschaftlichen Plänen handelt, spricht Faust in den letzten sechs Versen ganz ähnliche Worte aus wie jene, die zum Abschluss der Wette geführt haben:

Schlussmonolog („Teil 3"), Verse 23–28

Zum Augenblicke dürft' ich sagen:
Verweile doch, du bist so schön!
Es kann die Spur von meinen Erdetagen
Nicht in Äonen untergehn. –
Im Vorgefühl von solchem hohen Glück
Genieß' ich jetzt den höchsten Augenblick. (V. 11581–86)

Mit der „Spur von meinen Erdetagen" (V. 11583) wird aus dem gesamten Zusammenhang heraus vornehmlich Fausts Neulandprojekt gemeint sein. Das Fortbestehen des Neulands und der damit zusammenhängende unternehmerische Erfolg Fausts hängt im Übrigen nicht von der Interpretation ab, ob Faust die Wette gewinnt oder verliert.

Unternehmung im Jenseits

Nach dem Genuss des „höchsten Augenblick[s]" (V. 11586) im Irdischen ist der Weg für Faust aber noch nicht beendet, er setzt sich im Jenseits fort. In der Szene *Grablegung* retten Rosen streuende Engel Faust nach seinem Tod vor dem Zugriff Mephistos und dessen Helfern. Nachdem die Satane besiegt und zurück in die Hölle geflüchtet sind, versucht Mephisto der himmlischen Heerschar standzuhalten. Aber die schwebenden Rosen und der Anblick der Engel kehren seine triebhafte Natur hervor, er wird „heimlich-kätzchenhaft begierlich" (V. 11775) und so lüstern, dass er sich wünscht, die Engel ohne ihr „langes Faltenhemd" (V. 11798) sehen zu können. Im Grunde wird hier Mephisto mit seinen eigenen Waffen besiegt, der Gier nach sexueller Erfüllung, mit der er im „Faust" immer wieder die Menschen zu verführen versuchte. Und gleichzeitig vermag er nicht, Fausts Seele in Besitz zu nehmen. Während Faust kurz vor seinem Tod den „höchsten Augenblick" V. 11586) genießen darf, erlebt Mephisto das Gegenteil, er muss sich eine bittere Niederlage eingestehen.

Die Engel tragen Fausts Seele empor, Mephisto kommt wieder zu sich und beklagt, ihm sei

ein großer, einziger Schatz entwendet:
Die hohe Seele, die sich mir verpfändet,
Die haben sie mir pfiffig weggepascht. (V. 11829–31)

Es sind starke Worte, mit denen Mephisto Faust charakterisiert: Nach der Rettung wird der „große, einzige Schatz" (V. 11829), „die hohe Seele" (V. 11830), laut Regieanweisung Fausts „Unsterbliches"[224], in der Szene *Bergschluchten*

---

224 Faust. Regieanweisung. S. 355. – In den „Faust II" abschließenden Szenen Bergschluchten und Himmel und auch schon am Ende der vorangehenden Szene Grablegung ist nur noch von „Faustens Unsterblichem" (Regieanweisungen S. 355 und S. 359) die Rede. Auch Gretchen wird in ähnlicher Weise umbenannt: nämlich in „Una Poenitentium" bzw. „Die eine Büßerin" (Regieanweisungen S. 363). Der Einfachheit halber werden in diesem Kapitel die irdischen Namen der beiden beibehalten.

von einer Gruppe von Engeln in die „höhere Atmosphäre"[225] getragen. Sie äußern sich bei diesem Aufstieg über den Grund der Erlösung:

> Gerettet ist das edle Glied
> Der Geisterwelt vom Bösen,
> W e r   i m m e r   s t r e b e n d   s i c h   b e m ü h t,
> D e n   k ö n n e n   w i r   e r l ö s e n.
> Und hat an ihm die Liebe gar
> Von oben teilgenommen,
> Begegnet ihm die selige Schar
> Mit herzlichem Willkommen. (V. 11934–41)[226]

Und direkt anschließend die jüngeren Engel:

> Jene Rosen aus den Händen
> Liebend-heiliger Büßerinnen
> Halfen uns den Sieg gewinnen,
> Uns das hohe Werk vollenden,
> Diesen Seelenschatz erbeuten. (V. 11942–46)

Die erste Gruppe von Engeln bestätigt, dass Faust seine Aufgabe als „Knecht" des Herrn erfüllen konnte, indem er sich sein Leben lang strebend bemüht hat. Von den jüngeren Engeln erfährt man, dass es auch im Himmel Schätze gibt, natürlich keine materiellen, sondern „Seelenschätze" (vgl. V. 11946), zu denen auch Faust zählt. Es „hat an ihm die Liebe gar / Von oben teilgenommen" (V. 11938f.) und zwar insbesondere durch Gretchen, die im Himmel als „Büßerin" (V. 11943) wirkt und offenbar nicht nur im Kampf mit Mephisto und seinen Gehilfen Rosen streut, sondern sich auch für Faust betend bei der Mater Gloriosa, der „Himmelskönigin" (V. 11995), einsetzt.

Während Faust emporgetragen wird, nähert sich ein „Chor seliger Knaben."[227] Diese Knaben sind

> Mitternachts-Geborne,
> Halb erschlossen Geist und Sinn,
> Für die Eltern gleich Verlorne,
> Für die Engel zum Gewinn. (V. 11898–901)

---

225 Ebd. Regieanweisung. S. 359
226 Hervorhebungen durch Goethe.
227 Faust. Regieanweisung. S. 358

„Mitternachts-Geborne" (V. 11898) werden meist gedeutet als „die gleich nach der Geburt ungetauft verstorbenen Kinder, die noch nicht sündig geworden, aber doch als menschliche Wesen mit der Erbsünde belastet sind."[228] Sie „nehmen eine Art Mittelstellung zwischen Menschen und Engeln ein."[229] Dadurch haben sie „von schroffen Erdewegen / (…) keine Spur" (V. 11904f.). Es mangelt ihnen an Erdenerfahrung und so erhoffen sie sich von Faust Hilfe:

Wir wurden früh entfernt
Von Lebechören
Doch dieser hat gelernt,
Er wird uns lehren. (V. 12080–83)

Selbst im Himmel endet also das Streben nicht, und Faust erhält recht bald nach seiner Ankunft eine sinnvolle Aufgabe, nämlich die Knaben aus seiner Erdenerfahrung heraus zu lehren.

Goethe war der Überzeugung, dass das Tätigsein im Leben nicht nur zur Fortentwicklung der eigenen Fähigkeiten führt, sondern zu einer „höheren Stufe" im Jenseits. Dies brachte er als 32-Jähriger in einem Brief vom 3.12.1781 an seinen engen Freund Carl Ludwig von Knebel zum Ausdruck:

„Das Bedürfnis meiner Natur zwingt mich zu einer vermannichfaltigten Thätigkeit, und ich würde in dem geringsten Dorfe und auf einer wüsten Insel ebenso betriebsam seyn müßen um nur zu leben. Sind denn auch Dinge die mir nicht anstehen, so komme ich darüber gar leichte weg, weil es ein Artikel meines Glaubens ist, daß wir durch Standhaftigkeit und Treue in dem gegenwärtigen Zustande, ganz allein der höheren Stufe eines folgenden werth und, sie zu betreten, fähig werden, es sey nun hier zeitlich oder dort ewig."[230]

Über die hier nur angedeutete Möglichkeit nachtodlicher Tätigkeiten hat sich Goethe später in hohem Alter in einem Brief vom 19.3.1827 an seinen Freund und Komponisten Carl Friedrich Zelter konkreter geäußert:

„Wirken wir fort bis wir, vor oder nacheinander, vom Weltgeist berufen in den Äther zurückkehren! Möge dann der ewig Lebendige uns neue Tätigkeiten, denen analog in welchen wir uns schon erprobt, nicht versagen! Fügt er sodann Erinnerung und

---

228 Witkowski, Georg (Hrsg.): Goethes Faust. Band 2. Kommentar und Erläuterungen. Leipzig. 1906. S. 378
229 Ebd.
230 Goethe, Johann W.: Brief an Carl Ludwig von Knebel vom 03.12.1781. In: Goethes Werke. Herausgegeben im Auftrag der Großherzogin Sophie von Sachsen. IV. Abteilung: Goethes Briefe. Bd. 1–50. Weimar. 1887–1912. S. 228

Nachgefühl des Rechten und Guten was wir hier schon gewollt und geleistet väterlich hinzu; so würden wir gewiß nur desto rascher in die Kämme des Weltgetriebes eingreifen. Die entelechische Monade muß sich nur in rastloser Tätigkeit erhalten, wird ihr diese zur andern Natur so kann es ihr in Ewigkeit nicht an Beschäftigung fehlen."[231]

Fausts Unsterbliches, hier im Sinne der zitierten „entelechischen Monade"[232], erfüllt die Bedingung der „rastlosen Tätigkeit"[233] im Irdischen und bekommt im „Äther"[234] eine Aufgabe, in welcher Faust sich auf der Erde „schon erprobt"[235] hat, nämlich als Lehrer. Hier schließt sich ein Kreis: Der „unzufriedene Gelehrte" des Anfangsmonologs durchläuft eine Entwicklung in allen möglichen Lebensgebieten, sodass er auf einer höheren Stufe zum „himmlischen Lehrer" werden kann. Dass bei seinem künftigen Lehrauftrag auch die Fächer Ökonomie, Landesplanung sowie Unternehmensführung inbegriffen sind, sollte wohl anzunehmen sein.

---

231 Goethe, Johann W.: Brief an Zelter, 19.03.1827. In: Ottenberg, Hans-Günter / Zehm, Edith (Hrsg.): Briefwechsel zwischen Goethe und Zelter in den Jahren 1799 bis 1832. Bd. 20.1. Münchner Ausgabe. München. Wien. 1991. S. 981f.

232 Entelechie: „Das Wort Entelechie bezeichnet die auf ein Ziel zustrebende lebendige Einheit, die um einen Richttrieb organisierte Monade, die Person" (Faust. Anmerkungen. S. 629). Monade: „Die Monaden sind, so Leibniz, die ,wahren Atome der Natur und die Elemente der Dinge'. (…) [Sie] sind wie Kräfte, die zwar Wandel bewirken, in sich selbst aber unwandelbar sind. Gott ist in dieser Theorie die oberste Monade. Alle in ihm begründeten Monaden verfügen über deutlich weniger Wahrnehmungen, denn nur Gott nimmt das ganze Universum wahr. Alle Monaden sind, in Abstufungen ihrer Wahrnehmungen oder Bewusstheiten, geistig, mathematisch und körperlich zugleich. Die Monadenlehre erklärt die Welt demnach gezielt aus ihren dynamischen Prozessen heraus." (Neumann, Volker M.: Gottfried Wilhelm Leibniz oder die Entscheidung im Rosental. Version: Juni 2007. www.goethe.de/ges/phi/prt/de2407479.htm. (Abruf: 27.10.2010)) Indem Goethe im Brief an Zelter (s. o.) auf die Ewigkeit der „rastlosen Tätigkeit" der entelechischen Monade hinweist, zeigt sich die Kongruenz mit der genannten Definition. Das Unwandelbare, die Monade, ist in alle Ewigkeit strebend und gibt sich selbst die anzustrebenden Ziele.

233 Goethe: Brief an Zelter vom 19.03.1827

234 Ebd.

235 Ebd.

Zuvor aber macht Faust während des Emporgetragenwerdens in die höheren himmlischen Regionen eine Metamorphose durch. Sein Unsterbliches befindet sich zunächst noch in einem „Puppenstand" (V. 11982), wie es die seligen Knaben beschreiben. Und während die Entelechie weiter nach oben getragen wird, entpuppt sie sich immer mehr, am Ende „überwächst [sie] (...) schon/An mächtigen Gliedern" (V. 12076) die seligen Knaben und wird schließlich neu geboren:

> Sieh, wie er jedem Erdenbande
> Der alten Hülle sich entrafft
> Und aus ätherischem Gewande
> Hervortritt erste Jugendkraft. (V. 12088–91)

Es ist Gretchens Unsterbliches („die eine Büßerin, sonst Gretchen genannt"[236]), welches hier die Himmelskönigin auf Fausts Metamorphose hinweist. Und Gretchen fügt hinzu, dass er schon „der heiligen Schar" (V. 12087) gleiche. Er brauche nur noch Belehrung durch sie, um sich richtig in dieser für ihn neuen Welt einzuleben („noch blendet ihn der neue Tag" (V. 12092)). Gretchen bittet die Himmelskönigin dazu um Erlaubnis und deren Antwort lautet: „Komm! hebe dich zu höhern Sphären!/Wenn er dich ahnet, folgt er nach" (V. 12094f.). Faust ist somit der Weg zu den höchsten Sphären in der geistigen Welt vorgezeichnet. Er hat im Irdischen in vielerlei Hinsicht vieles erreicht, hat geirrt und ist schuldig geworden – deshalb tragen „die vollenderten Engel"[237] seinen „nicht reinlich[en]" (V. 11957) „Erdenrest" (V. 11954) hinweg. Er kam sogar bis zu den *Müttern* und ist durch sein „tätig-frei[es]" (V. 11564) Wesen innerhalb des „Weltgetriebes"[238] nun für würdig erkannt, als „himmlischer Gelehrter" im „Himmelsgetriebe" wirksam zu sein.

Was sich Faust in seinem Schlussmonolog als Utopie auf der Erde erträumt hat, „im Innern hier ein paradiesisch Land" (V. 11569) sich entwickeln zu sehen, ist in der geistigen Welt nun Wirklichkeit: „ein Gewimmel" (V. 11579) befindet sich in übertragenem Sinn „auf freiem Grund" (V. 11580) – im Himmel – „mit freiem Volke" (V. 11580) – den Engeln und anderen Wesen. Und wie im Falle eines Deichbruchs „Gemeindrang eilt, die Lücke zu

---

236   Faust. Regieanweisung. S. 363
237   Ebd. Regieanweisung. S. 359
238   Goethe: Brief an Zelter vom 19.03.1827

verschließen" (V. 11572), d. h. dass jeder bereit ist zu helfen, so ist es auch im Himmel fortwährend so, dass alle Wesen einander helfend unterstützen. Zu dieser helfenden sinnvollen Tätigkeit gesellt sich die Liebe, die mit der Freiheit vereint ist:

Denn das ist der Geister Nahrung,
Die im freisten Äther waltet:
Ewigen Liebens Offenbarung,
Die zur Seligkeit entfaltet. (V. 11922–25)

Über das Verhältnis der tätigen Liebe zum Streben nach Eroberung der Freiheit, um sich als Mensch weiterzuentwickeln, sich zu „erhöhen"[239], hat sich Friedrich Hiebel wie folgt geäußert:

„Wenn Goethe das Gute in der selbstlos gewordenen Liebe, das Böse jedoch in jeglicher Art von liebloser Selbstsucht sieht, dann hat er allerdings seinen Helden erbarmungslos oft in die Fangarme des Egoismus sich verstricken lassen. Es liegt eben in dem Prinzip der Liebe, welche erhöhen kann, der Kampf eingeschlossen mit dem Widerpart, der uns erniedrigen will. Die Liebe »von oben« muss durch das Streben des Willens von unten als Akt der Freiheit erobert werden, und zwar im Sinne der Worte des sterbenden Faust nicht einmal, sondern »täglich«. Nur darin liegt der Sinn der Freiheit und der Liebe, dass diese sich in immerwährendem Ringen irdisch und überirdisch stufenweise realisieren.

Faust ist die Tragödie des Idealismus der Liebe, welche die Erhöhung des Menschen nur mit dem Preis des Freiheitskampfes gegen die Mächte der Erniedrigung verleiht."[240]

Die letzten beiden Verse des „Faust" zielen auf diese höchste Art der Liebe ab: „Das Ewig-Weibliche/Zieht uns hinan" (V. 12110f.). Für Karl Julius Schröer kommt in diesen Worten Goethes Ideal der Liebe zum Ausdruck: „Die selbstlose Liebesfähigkeit, die ewige Liebe ist gemeint, die den Menschen über sich selbst erhebt, indem sie ihn ins Objekt, in das Ideale hineinzieht und die Ichheit schweigen macht."[241]

---

239 Hiebel, Friedrich: Goethe. Die Erhöhung des Menschen. Hamburg. 1982. S. 201
240 Ebd. S. 200f.
241 Schröer, Karl J.: Goethe und die Liebe. Dornach. 1989. S. 33

So zeigt sich im Himmel das gelebte Gegenbild zu dem, was das Böse erreichen will:

Abb. 7: Polarität des Guten und Bösen

Das Böse (Satansmesse)	Das Gute (Himmel)
Tätigkeit für sich selbst mit dem Ziel, Besitz zu erreichen, der nur dem eigenen Wohl dient (Egoismus auf Kosten einer Gemeinschaft)	Tätigkeit für andere (Altruismus)
Egoismus einer rein triebhaften Sexualität	selbstlose Liebe

Es stellt sich noch die Frage, aus welchem Grund die letzte Szene *Bergschluchten/Himmel* von Goethe nicht als Epilog gestaltet wurde, nachdem ja die erste Himmelsszene als Prolog erscheint. Zunächst einmal ist hier im Gegensatz zum *Prolog* Faust mit beteiligt. Aber wesentlicher ist wohl, dass ein Epilog dramaturgisch und inhaltlich das Geschehen zu sehr von der vorausgegangenen Handlung abschneiden würde. Faust weiteres Leben im Himmel ist jedoch von seinem irdischen Leben nicht abgeschnitten, sondern als konsequente, wenn auch metamorphosierte Fortführung seiner Erdenexistenz gedacht – das Streben ist in Goethes Sinn im Diesseits und im Jenseits ewig.

Fazit

In „Faust I" bezieht sich Fausts ganzes Denken, sein Fühlen und sein Handeln im Umgang mit Besitz, Genuss und Lust nur auf sich selbst und sein allernächstes Umfeld, anders gesagt auf die äußere „kleine (…) Welt" (V. 2052), wie sie Mephisto bezeichnet, und gleichzeitig auf die innere „kleine Welt". Die Folgen seiner Selbstbezogenheit sind enorm, „Faust I" endet tragisch.

Die spätmittelalterliche „kleine Welt", in der „Faust I" spielt, ist räumlich und zeitlich beschränkt. In „Faust II" dagegen erscheint die „große Welt" (V. 2052) dadurch, dass alle räumlichen und zeitlichen Grenzen gesprengt werden. Damit einhergehend weiten sich zum einen Fausts Begriffs- und Gedankenwelt und somit auch seine Auffassung von Besitz, Herrschaft und Unternehmertum sowie zum anderen seine Genusserwartung und Lustempfindung immer mehr. Dies ist notwendig, da er in dieser „großen Welt" im kulturellen, politischen und wirtschaftlichen Leben tätig werden will. Er braucht dafür ein neues, erweitertes Verständnis, d. h. eine Umwandlung seiner in der bisherigen kleinen und eingeschränkten Gelehrtenlebenswelt gebildeten Begriffe. Gleichzeitig sucht er den Inbegriff der Schönheit im Leben allgemein und in der Kunst im Besonderen und findet dadurch eine höchste Steigerung seiner Lustempfindungen und seines Genießens. Aufgrund aller seiner Erfahrungen in den ersten vier Akten kann er schließlich im fünften Akt die Aufgaben eines Herrschers und Unternehmers übernehmen und Wirtschaft in Form von Landgewinnung und Handel betreiben. Den „Handel" übernimmt Mephisto. In Fausts Auftrag bereist er die Meere (fünfter Akt). Hier kann man durchaus einen ersten Ansatz zur Globalisierung sehen. Faust spricht in diesem Zusammenhang von seinem „Weltbesitz" (V. 11242), eine größere Steigerung des Besitzbegriffs im Irdischen ist nicht denkbar. Aber nicht nur irdische Räume werden erobert, sondern auch kosmische Weiten erlebt: Ganz am Schluss steigt Fausts Unsterbliches in die Himmelshöhen auf. Dabei findet ein fließender Übergang von den noch irdischen *Bergschluchten* zum transzendenten „Geisterreich" (V. 26) des *Himmels* statt, von dem schon in der *Zueignung* die Rede ist. Am Schluss von „Faust II" hat Faust nicht nur in einer äußeren „großen Welt" gewirkt, sondern auch eine innere „große Welt" geschaffen. „Faust II" endet im Gegensatz zu „Faust I" alles andere als tragisch.

Der Verfasser der vorliegenden Studie geht konform mit denjenigen Autoren der letzten Jahrzehnte, die den „Faust" neben allen anderen Blickwinkeln immer mehr auf dem Hintergrund aktueller problematischer Entwicklungen in gesellschaftlicher und wirtschaftlicher Hinsicht gelesen haben. So stellte schon 1995 Adolf Hüttl lange vor der historischen Finanzkrise 2007/08 fest: „Die Bedeutung der gesamten Dichtung erschließt sich erst, wenn man jene gewaltigen Kräfte betrachtet, die in einem modernen Staat wirken, sei es im Frieden oder im Kriege. Es sind die Kräfte, die unser Schicksal heute mehr denn je bestimmen: eine unerbittlich waltende Technik und die geheimnisvolle Dämonie des Geldes. Goethes 'Faust' ist das Drama der modernen Wirtschaft."[242] In der Folgezeit der Finanzkrise hat die Beschäftigung mit Goethe weitere Aktualität erlangt, wofür exemplarisch eine Äußerung von Jean-Claude Trichet stehen soll: „Somit wäre meine Lesart der Goethe'schen Botschaft die unabdingbare Notwendigkeit der Wachsamkeit im Rahmen wirtschaftlicher und monetärer Zusammenhänge. Beständige Aufmerksamkeit ist notwendig, um Realitäten und Ereignisse zu verstehen, die – noch – unaussprechlich sind."[243] Faust ist eine Figur, welche sich erkennend in die Welt begibt und sich dabei aktiv und mit wechselndem Erfolg mit den auftretenden wirtschaftlichen Fragen und Problemen auseinandersetzt. Er ist eine vielschichtige und oft widersprüchliche Persönlichkeit, in vielem ein moderner Mensch.

Demgegenüber gibt es in den letzten Jahren vermehrt Interpreten, die von Goethe im „Faust" vorausgeschaute Probleme ebenfalls in den vielfältigen Krisen der Gegenwart gespiegelt sehen, sich dabei aber zu sehr auf die negative Seite der Faust-Figur fokussieren. Ein Beispiel dafür liefert Michael Jäger: „In neuerer Zeit und immer offensichtlicher gewinnt allerdings ein ganz anderes Faustverständnis an Überzeugungskraft: Man nimmt nun den Untertitel des Goetheschen Textes beim Wort und liest Fausts Drama als »eine Tragödie«, als Katastrophe der Natur sowie der Zivilisation, ohne irdische

---

242 Hüttl: Goethes wirtschafts- und finanzpolitische Tätigkeit. S. 74
243 Trichet, Jean-Claude: Johann Wolfgang von Goethe, die Wirtschaft und das Geld. In: Hierholzer, Vera / Richter, Sandra (Hrsg.): Goethe und das Geld – Der Dichter und die moderne Wirtschaft. Frankfurt am Main. 2012. S. 44

Versöhnung, mit einem rätselhaften himmlischen Schlußbild. Als Vorbild- und Identifikationsfigur ist Faust also schon ziemlich blaß geworden. Heute kann man noch einen Schritt weiter gehen und den vermeintlichen Heroen des Dramas ansehen als eine veritable Unglücksfigur, die die Negation der gesamten Philosophie Goethes und aller Zivilisationsideale personifiziert."[244] Jaeger formuliert hier das seiner Ansicht nach neue Faustverständnis sehr drastisch und apodiktisch. Negt ist auch einer dieser Autoren, der aus einem ähnlichen Verständnis heraus sehr scharf formuliert: „Fausts Karriere geht aus vom verzweifelten Intellektuellen und endet beim gescheiterten Unternehmer."[245]

Die modern gewordenen Ansichten, welche Fausts großartige wirtschaftliche Lebensleistung negieren, sind nicht haltbar. Die hier in dieser Studie vorgestellte geographische Deutung verharmlost nicht die Schattenseiten von Fausts Wirken, sie widerlegt jedoch die These seines wirtschaftlichen und damit zugleich seines kolportierten kompletten Scheiterns. Es wird ganz im Gegenteil vielmehr der Nachweis erbracht, dass Faust mit seinem Besitz erfolgreich gewirtschaftet hat und dass sein neu geplantes Landgewinnungsprojekt eine bedeutende Zukunft vor sich gehabt hätte. So zeigt sich in Fausts Werdegang, dass er seine letzten Lebensjahrzehnte recht nutzbringend dem Regieren und Wirtschaften gewidmet hat, auch wenn natürlich seine Vorgehensweise sittlich nicht immer als einwandfrei gelten kann. Eine solche Deutung stellt das ganze Ende des „Faust" in ein wesentlich anderes Licht.

In jüngster Zeit (2014) hat sich auch eine weitere neue Deutung gegen die „radikale Dekonstruktion"[246] von Fausts Neulandprojekt gewandt: Hans-Jürgen Schings in seiner Schrift „Faust und der dritte Schöpfungstag". Im Unterschied zu der in dieser Studie dargelegten Ansicht rückt er den Fokus nicht auf die Ausführung des Geplanten, sondern auf den Geist, aus dem heraus das Neulandprojekt geschöpft ist. Er kann zeigen, „dass Fausts Unternehmen an einem topischen Feld partizipiert, das auf die biblischen

---

244 Jaeger, Michael: Global Player Faust oder Das Verschwinden der Gegenwart – Zur Aktualität Goethes. Berlin. 2008. 2. Auflage. S. 12
245 Negt: Die Faust-Karriere. S. 282
246 Schings, Hans-Jürgen: Faust und der dritte Schöpfungstag. In: Deutsche Vierteljahrsschrift für Literaturwissenschaft und Geistesgeschichte 88. Stuttgart. 2014. S. 439

Genesis-Berichte zurückgeht"[247], genauer auf 1 Mose 1, 9–10 und die Parallelstelle Hiob 38, 8–11, wo es um die Scheidung von Erde und Wasser geht. Bei Hiob wird das Geschehen etwas ausführlicher dargestellt, und für Schings ist vor allem die Stelle maßgeblich, an der der Herr das heranflutende Wasser in die Schranken weist: „Bis hierher sollst du kommen und nicht weiter; hier sollen sich legen deine stolzen Wellen!"[248] Die Parallele zu der Szene *Hochgebirg*, in der Faust über das Gezeitenmeer mit seinen Wellen spricht und im Anschluss Mephisto sein Neulandprojekt vorstellt, ist klar zu erkennen. „Mit seiner Vision rückt Faust in das Geschehen des dritten Schöpfungstags ein. Das herrische Meer, der leidenschaftliche Schöpfergeist, das neue Land – alles ist da, von den sprachlichen Signalen bis zum fundamentalen Gestus des Schöpfertums. Mit anderen Worten: Fausts Plan stellt eine Fortschreibung der Genesis dar, er partizipiert an der Genesis."[249] Die Neulandgewinnung „hat Genesis-Aura und Schöpfer-Format. *Deswegen* will Faust, ein neuer *second maker*, dieses Projekt – und nicht aus Zufall, aus (womöglich böser) Laune, technikbewehrten Herrschaftsinteressen oder humanitären Gründen."[250] Schings hat sehr eindrucksvoll dargelegt, wie Fausts Schöpfungstat einzuordnen ist, während in der vorgelegten Studie versucht wurde zu zeigen, dass sie dauerhaft von Erfolg gekrönt war – insofern ergänzen sich die beiden Arbeiten.

Für Goethe ist das Streben des Menschen das Entscheidende, und dieses Streben findet selbstverständlich auch im Wirtschaftsleben statt. Der gesunde, sinnvolle und sozial verträgliche Umgang mit Geld und materiellem Besitz ist jedoch im „Faust" wie im wirklichen Leben ständig der Gefahr ausgesetzt, (durch das Böse) korrumpiert zu werden. Faust als Typus des strebenden Menschen widersteht im Großen und Ganzen den Versuchungen von Besitz und Genuss / Lust / Gier, sosehr er ihnen eine Zeit lang auch verfällt. Es ist offensichtlich, dass Goethe mit dem „Faust" darauf aufmerksam machen will, wie die Auseinandersetzung mit dem Bösen sich auf alle Lebensbereiche und damit auch in evidentem Maße auf Wirtschaft im Allgemeinen und

---

247 Ebd.
248 Übersetzung der Lutherbibel aus: Deutsche Bibelstiftung Stuttgart: Die Bibel. Stuttgart. 1978. S. 500. Hiob 38, 11
249 Schings: Faust und der dritte Schöpfungstag. S. 451f.
250 Ebd. S. 452

Geld- und Besitzverhältnisse im Speziellen erstreckt. Viele der aufgezeigten Stellen sind als Kritik des Wirtschaftens und des Umgangs mit Besitz wie auch mit Genuss, Lust und Gier aufzufassen. Dabei ging es Goethe nicht nur um die Verhältnisse zu seiner Zeit, sondern um allgemeingültige zeitlose Probleme. Am Beispiel von Goethes Faust als wirkungsvoller Ökonom, Landesplaner und Unternehmer kann sich ein kritischer, wacher, erkenntnisklarer Blick entwickeln, um derlei Zusammenhänge zu durchschauen, auf die heutige Zeit zu übertragen und daraus Ansätze zu erarbeiten, wie ein Wirtschaftsleben real möglich wäre, in dem Menschen „tätig-frei" (V. 11564) leben können.

Literaturverzeichnis

Bachmann, Hans-Gert: Mythos Gold – 6000 Jahre Kulturgeschichte. München. 2006

Behre, Karl-Ernst: Ostfriesland – Die Geschichte seiner Landschaft und Besiedelung. Wilhelmshaven. 2014

Binswanger, Hans Christoph: Die Glaubensgemeinschaft der Ökonomen. München. 1998

Boerner, Peter: Johann Wolfgang von Goethe. Hamburg. 1992. 26. Auflage

Borchmeyer, Dieter: Weimarer Klassik – Portrait einer Epoche. Weinheim. 1994

Borchmeyer, Dieter: Welthandel – Weltfrömmigkeit – Weltliteratur – Goethes Alters-Futurismus. Version: 28.04.2004. www.goethezeitportal. de/fileadmin/PDF/db/wiss/goethe/borchmeyer_weltliteratur.pdf (Abruf: 19.05.2016)

Büsch, Johann G.: Praktische Darstellung der Bauwissenschaft, Uebersicht des gesamten Wasserbaues; 1. Reihe: Versuch einer Mathematik zum Nuzzen und Vergnügen des bürgerlichen Lebens; 3,2. Hamburg. 1796

Deutsche Bibelstiftung Stuttgart: Die Bibel (Lutherbibel). Stuttgart. 1978

Eckermann, Johann P.: Gespräche mit Goethe. Leipzig. 1987. 3. Auflage

Eibl, Karl: Das monumentale Ich – Wege zu Goethes ›Faust‹. Frankfurt am Main und Leipzig. 2000

Friedrich, Theodor / Scheithauer, Lothar J.: Kommentar zu Goethes Faust. Stuttgart. 1989

Gaier, Ulrich: Fausts Modernität. Stuttgart. 2000

Goethe, Johann W.: Brief an Carl Ludwig von Knebel vom 03.12.1781. In: Goethes Werke. Herausgegeben im Auftrag der Großherzogin Sophie von Sachsen. IV. Abteilung: Goethes Briefe. Bd. 1–50. Weimar. 1887–1912

Goethe, Johann W.: Goethes Faust. Hamburger Ausgabe (Hrsg. Erich Trunz). Hamburg. 1960. 6. Auflage

Goethe, Johann W.: Maximen und Reflexionen. Frankfurt am Main. 1976

Goethe, Johann W.: Aus meinem Leben – Dichtung und Wahrheit. Münchner Ausgabe. Bd. 16. München. Wien. 1985

Goethe, Johann W.: Brief an Zelter, 19.03.1827. In: Ottenberg, Hans-Günter (Hrsg.)/Zehm, Edith (Hrsg.): Briefwechsel zwischen Goethe und Zelter in den Jahren 1799 bis 1832. Bd. 20.1. Münchner Ausgabe. München. Wien. 1991

Goethe, Johann W.: Italienische Reise. Münchner Ausgabe. Bd. 15. München. Wien. 1992

Gössinger, L.: Die Linden. Bundesverband SDW (Hrsg.). Bonn. www.sdw. de/cms/upload/pdf/Die_Linde.pdf (Abruf: 19.05.2016)

Hamm, Heinz: Julirevolution, Saint-Simonismus und Goethes abschließende Arbeit am ›Faust‹. In: Keller, Werner (Hrsg.): Aufsätze zu Goethes ›Faust II‹. Darmstadt. 1992. S. 267–277

Hardorp, Benediktus: Goethe und das Geld. In: Perspektiven. März, Nr. 28. Universität Witten/Herdecke. 1992

Heise, Wolfgang: Der »Faust« des alten Goethe – »Herrschaft gewinn' ich, Eigentum!«. In: Bock, Helmut (Hrsg.): Unzeit des Biedermeiers. Leipzig. Jena. Berlin. 1985. S. 45–56

Hiebel, Friedrich: Goethe. Die Erhöhung des Menschen. Hamburg. 1982

Höhle, Thomas/Hamm, Heinz: „Faust. Der Tragödie zweiter Teil". In: Weimarer Beiträge. Bd. 6. Berlin. Weimar. 1974. S. 49–89

Hüttl, Adolf: Goethes wirtschafts- und finanzpolitische Tätigkeit. Hamburg. 1995

Jaeger, Michael: Global Player Faust oder Das Verschwinden der Gegenwart – Zur Aktualität Goethes. Berlin. 2008. 2. Auflage

Kaiser, Gerhard: Ist der Mensch zu retten? – Vision und Kritik der Moderne in Goethes »Faust«. Freiburg im Breisgau. 1994

Kirsch, Herbert u. a. (Hrsg.): Fachbegriffe der Geographie A–Z. Frankfurt am Main. 1986. 2. Auflage

Klauß, Jochen: Genie und Geld – Goethes Finanzen. Düsseldorf. 2009

Knortz, Heike/Laudenberg, Beate: Goethe, der Merkantilismus und die Inflation. Berlin. 2014

Koopmann, Helmut: Marschländer vor Sandgebirge? – Zu Fausts letzter Vision. In: Helbig, Holger/Knauer, Bettina/Och, Gunnar (Hrsg.): Hermenautik – Hermeneutik. Würzburg. 1996. S. 85–93

Küster, Hansjörg: Christoph Meiners, das Land Hadeln und Goethes *Faust II*. In: Männer vom Morgenstern – Heimatbund an Elb- und Wesermündung. Jahrbuch 90. 2011. Bremerhaven. 2012. S. 189–228

Küster, Hansjörg: Die Entdeckung der Landschaft. München. 2012

Küster, Hansjörg: Nordsee – Geschichte einer Landschaft. Kiel. Hamburg. 2015

Lohmeyer, Dorothea: Faust und die Welt. Der zweite Teil der Dichtung. Eine Anleitung zum Lesen des Textes. München. 1977

Mahl, Bernd: Goethes ökonomisches Wissen: Grundlagen zum Verständnis der ökonomischen Passagen im dichterischen Gesamtwerk und in den „Amtlichen Schriften". Frankfurt am Main. Bern. 1982

Matheus, Ricarda: Die Sümpfe der Päpste. Umweltwahrnehmung und Nutzungskonflikte in der pontinischen Ebene in der Frühen Neuzeit. www.igl.uni-mainz.de/forschung/umweltgeschichte-der-pontinischen-suempfe-in-der-fruehen-neuzeit.html (Abruf: 19.05.2016)

Meier, Richard: Gesellschaftliche Modernisierung in Goethes Alterswerken »Wilhelm Meisters Wanderjahre« und »Faust II«. Freiburg im Breisgau. 2002

Metscher, Thomas: Faust und die Ökonomie. Ein literarhistorischer Essay. In: Haug, Wolfgang F. (Hrsg.): Vom Faustus bis Karl Valentin. Der Bürger in Geschichte und Literatur. Das Argument Bd. AS3. Berlin. 1976. S. 28–155

Meyers: Großes Konversationslexikon. Ein Nachschlagewerk des allgemeinen Wissens. Leipzig und Wien. 1905–1909. Sechste, gänzlich neubearbeitete und vermehrte Auflage

Michel, Willy: Die Wahrnehmung der Frühindustrialisierung und die Einschätzung von Intelligenztypen bei Goethe, Forster und Novalis. In: Stemmler, Theo (Hrsg.): Ökonomie – Sprachliche und literarische Aspekte eines 2000 Jahre alten Begriffs. Mannheimer Beiträge zur Sprach- und Literaturwissenschaft. Bd. 6. Tübingen. 1985. S. 95–116

Mommsen, Katharina: ›Faust II‹ als politisches Vermächtnis des Staatsmannes Goethe. In: Perels, Christoph (Hrsg.): Jahrbuch des freien deutschen Hochstifts. Tübingen. 1989. S. 1–36

Negt, Oskar: Die Faust-Karriere. Vom verzweifelten Intellektuellen zum gescheiterten Unternehmer. Göttingen. 2006

Neumann, Volker M.: Gottfried Wilhelm Leibniz oder die Entscheidung im Rosental. Version: Juni 2007. www.goethe.de/ges/phi/prt/de2407479. htm (Abruf: 27.10.2010)

Pirholt, Mattias / Møller, Andreas H. (Hrsg.): »Darum ist die Welt so groß« Raum, Platz und Geographie im Werk Goethes. Heidelberg. 2014

Rada, Uwe: Die Elbe – Europas Geschichte im Fluss. München. 2013

Requadt, Paul: Die Figur des Kaisers im »Faust II«. In: Martini, Fritz / Müller-Seidel, Walter / Zeller, Bernhard (Hrsg.): Jahrbuch der deutschen Schillergesellschaft. 8. Jahrgang. Stuttgart. 1964. S. 153–171

Requadt, Paul: Goethes »Faust I« – Leitmotivik und Architektur. München. 1972

Rohde, Hans: Entwicklung der hydrologischen Verhältnisse im deutschen Küstengebiet. In: Kramer, Johann / Rohde, Hans: Historischer Küstenschutz. Stuttgart. 1992. S. 39–62

Safranski, Rüdiger: Goethe – Kunstwerk des Lebens. München. 2013

Schings, Hans-Jürgen: Faust und der dritte Schöpfungstag. In: Deutsche Vierteljahrsschrift für Literaturwissenschaft und Geistesgeschichte 88. Stuttgart. 2014. S. 439–467

Schmidt, Jochen: Goethes Faust, Erster und Zweiter Teil: Grundlagen – Werk – Wirkung. München. 2001. 2. Auflage

Schöne, Albrecht: Götterzeichen – Liebeszauber – Satanskult – Neue Einblicke in alte Goethetexte. München. 1993. 3. Auflage

Schöne, Albrecht: Goethe Faust – Kommentare. Frankfurt am Main. 2003

Schöne, Albrecht: Goethe Faust – Texte. Frankfurt am Main. 2003

Schröer, Karl J.: Goethe und die Liebe. Dornach. 1989

Segeberg, Harro: Diagnose und Prognose des technischen Zeitalters im Schlussakt von „Faust II“. In: Keller, Werner (Hrsg.): Goethejahrbuch Bd. 114. Weimar. 1998. S. 63–73

Spektrum der Wissenschaft: Gebirge. http://www.spektrum.de/lexikon/geographie/gebirge/2827 (Abruf: 19.05.2016)

Trichet, Jean-Claude: Johann Wolfgang von Goethe, die Wirtschaft und das Geld. In: Hierholzer, Vera / Richter, Sandra (Hrsg.): Goethe und das Geld – Der Dichter und die moderne Wirtschaft. Frankfurt am Main. 2012. S. 41–44

Wagenknecht, Sahra: Die Gefahren einer durchkommerzialisierten Gesellschaft sah Goethe vor Marx. In: Frankfurter Allgemeine Zeitung vom 27.10.2013. www.faz.net/aktuell/feuilleton/buecher/themen/sahrawagenknecht-liest-safranski-goethe-sah-die-gefahren-einer-durchkommerzialisierten-gesellschaft-vor-marx-12635571.html (Abruf: 19.05.2016)

Weißinger, Klaus: Besitz und Genuss in Goethes Faust. Heidelberg. 2016. Online-Veröffentlichung: http://www.ub.uni-heidelberg.de/archiv/19866 Druckfassung: http://www.epubli.de

Weitin, Thomas: Freier Grund – Die Würde des Menschen nach Goethes Faust. Konstanz. 2013

Wieruszowski, Helene: Das Mittelalterbild in Goethes „Helena". In: Wisconsin, University of (Hrsg.): Monatshefte für deutschen Unterricht Bd. XXXVI. Madison, Wisconsin. Febr. 1944. S. 65–81

Wiese, Benno von: Die deutsche Tragödie von Lessing bis Hebbel. München. 1983

Wikipedia: Dünen in Mitteleuropa. https://de.wikipedia.org/wiki/Düne (Abruf: 19.05.2016)

Witkowski, Georg (Hrsg.): Goethes Faust. Band 2. Kommentar und Erläuterungen. Leipzig. 1906

Bildnachweise

- Abb. 1 und 7: Eigene Abbildungen
- Abb. 2 und 3: www.euforgen.org/distribution-maps
- Abb. 4, 5 und 6: Holger Klotz, Tübingen (Anfertigung nach Angaben des Verfassers)

Heidelberger Beiträge zur deutschen Literatur

Herausgegeben von Dieter Borchmeyer

www.peterlang.de